U0015652

國家圖書館出版品預行編目資料

看漫畫了解人體感官 / 馬泰歐・法瑞內拉(Matteo Farinella)著;洪夏天
譯. -- 初版. -- 臺北市:商周出版:家庭傳媒城邦分公司發行, 2017.12
　面;　公分. -- (科學新視野;140)
譯自:The senses
ISBN 978-986-477-372-5(平裝)

1.神經生理學 2.感覺生理 3.漫畫

398.2　　　　　　　　　　　　　　　　106022132

科學新視野 140

看漫畫了解人體感官

作　　　者 /	馬泰歐・法瑞內拉(Matteo Farinella)
譯　　　者 /	洪夏天
企 劃 選 書 /	羅珮芳
責 任 編 輯 /	羅珮芳
版　　　權 /	林心紅、翁靜如、吳亭儀
行 銷 業 務 /	張媖茜、黃崇華
總 編 輯 /	黃靖卉
總 經 理 /	彭之琬
發 行 人 /	何飛鵬
法 律 顧 問 /	元禾法律事務所王子文律師
出　　　版 /	商周出版
	台北市104民生東路二段141號9樓
	電話:(02) 25007008　傳真:(02)25007759
	E-mail:bwp.service@cite.com.tw
	Blog:http://bwp25007008.pixnet.net/blog
發　　　行 /	英屬蓋曼群島商家庭傳媒股份有限公司城邦分公司
	台北市中山區民生東路二段141號2樓
	書虫客服務專線:02-25007718、02-25007719
	24小時傳真服務:02-25001990、02-25001991
	服務時間:週一至週五9:30-12:00;13:30-17:00
	劃撥帳號:19863813;戶名:書虫股份有限公司
	讀者服務信箱E-mail:service@readingclub.com.tw
	城邦讀書花園:www.cite.com.tw
香港發行所 /	城邦(香港)出版集團有限公司
	香港灣仔駱克道193號東超商業中心1F;E-mail:hkcite@biznetvigator.com
	電話:(852)25086231　傳真:(852)25789337
馬新發行所 /	城邦(馬新)出版集團【Cite (M) Sdn Bhd】
	41, Jalan Radin Anum, Bandar Baru Sri Petaling,
	57000 Kuala Lumpur, Malaysia.
	電話:(603) 90578822　傳真:(603) 90576622
	email:cite@cite.com.my
封 面 設 計 /	陳健美
內 頁 排 版 /	陳健美
印　　　刷 /	前進彩藝有限公司
經　　　銷 /	聯合發行股份有限公司
	地址:新北市231新店區寶橋路235巷6弄6號2樓
	電話:(02)2917-8022　傳真:(02)2911-0053

■2017年12月12日初版　　　　　　　　　　　　　　Printed in Taiwan
定價300元

城邦讀書花園
www.cite.com.tw

版權所有,翻印必究 ISBN 978-986-477-372-5

Originally published in the English language as "The Senses"
Copyright © 2017 by Nobrow
Complex Chinese translation copyright © 2017 by Business Weekly Publications, a division of Cité Publishing Ltd.
All Rights Reserved.

本著作之原文版為2017年首次出版發行之英語著作"The Senses",係由英國威爾康信託基金會(The Wellcome Trust)支持出版。

看漫畫了解人體感官

THE SENSES

DR. MATTEO FARINELLA

馬泰歐・法瑞內拉 博士

洪夏天　譯

PROLOGUE

序章

我知道它很厲害，但我有點擔心你……

你一連工作好幾天啦。你還是得多少和人互動、接觸現實世界。

新濾鏡模組已完成！

啊，大功告成！

抱歉，你剛剛說什麼？

哎呀，我就說吧！你太沉迷了！

拜託，再給我半小時，讓我測試一下這個新程式吧！然後我就下去和你們聊天，我保證……

模擬完成！

我的頭罩呢？這是現實？還是虛擬實境？

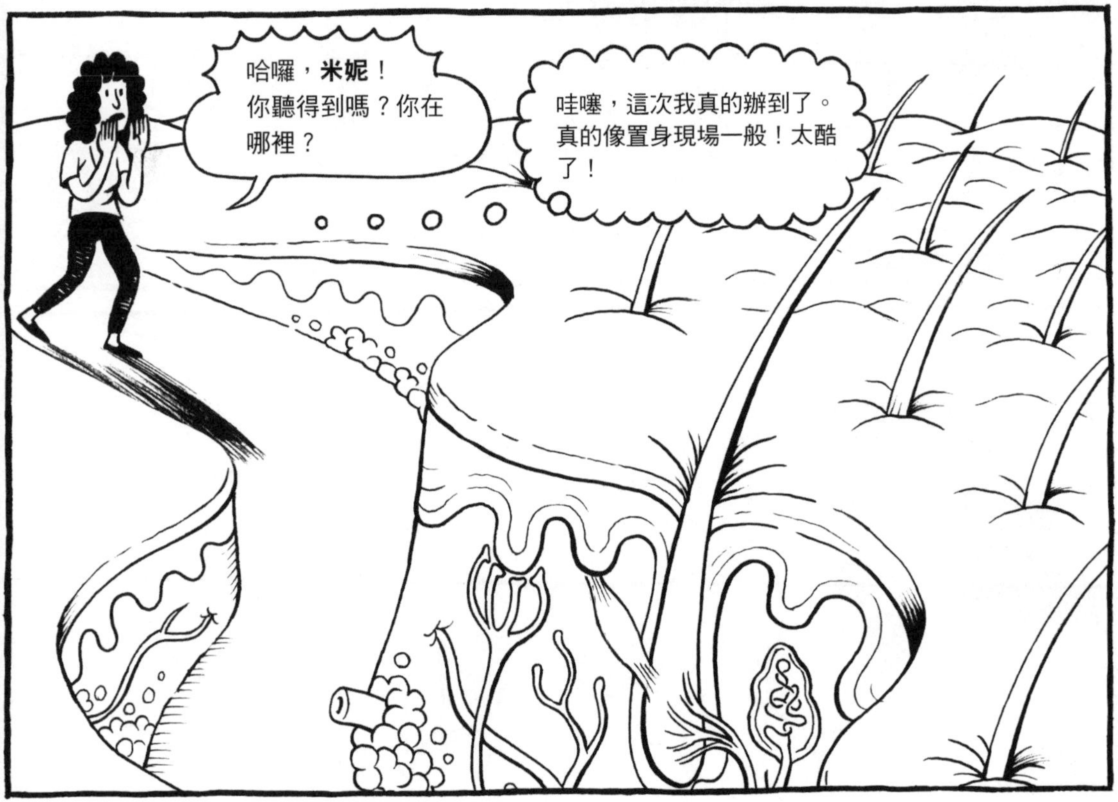
哈囉，**米妮**！你聽得到嗎？你在哪裡？
哇噻，這次我真的辦到了。真的像置身現場一般！太酷了！

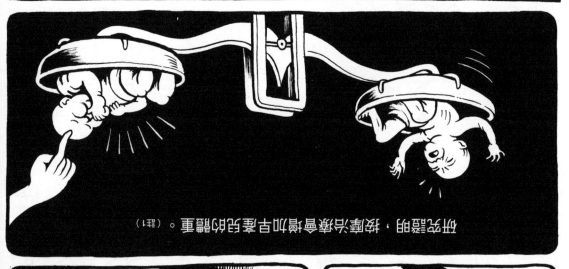

大部分的哺乳動物都有特化的**觸鬚**，相比之下，人類毛髮的發展落後了一大步。觸鬚中遍布神經，不但可以自由活動，也能敏銳感受不同質地。

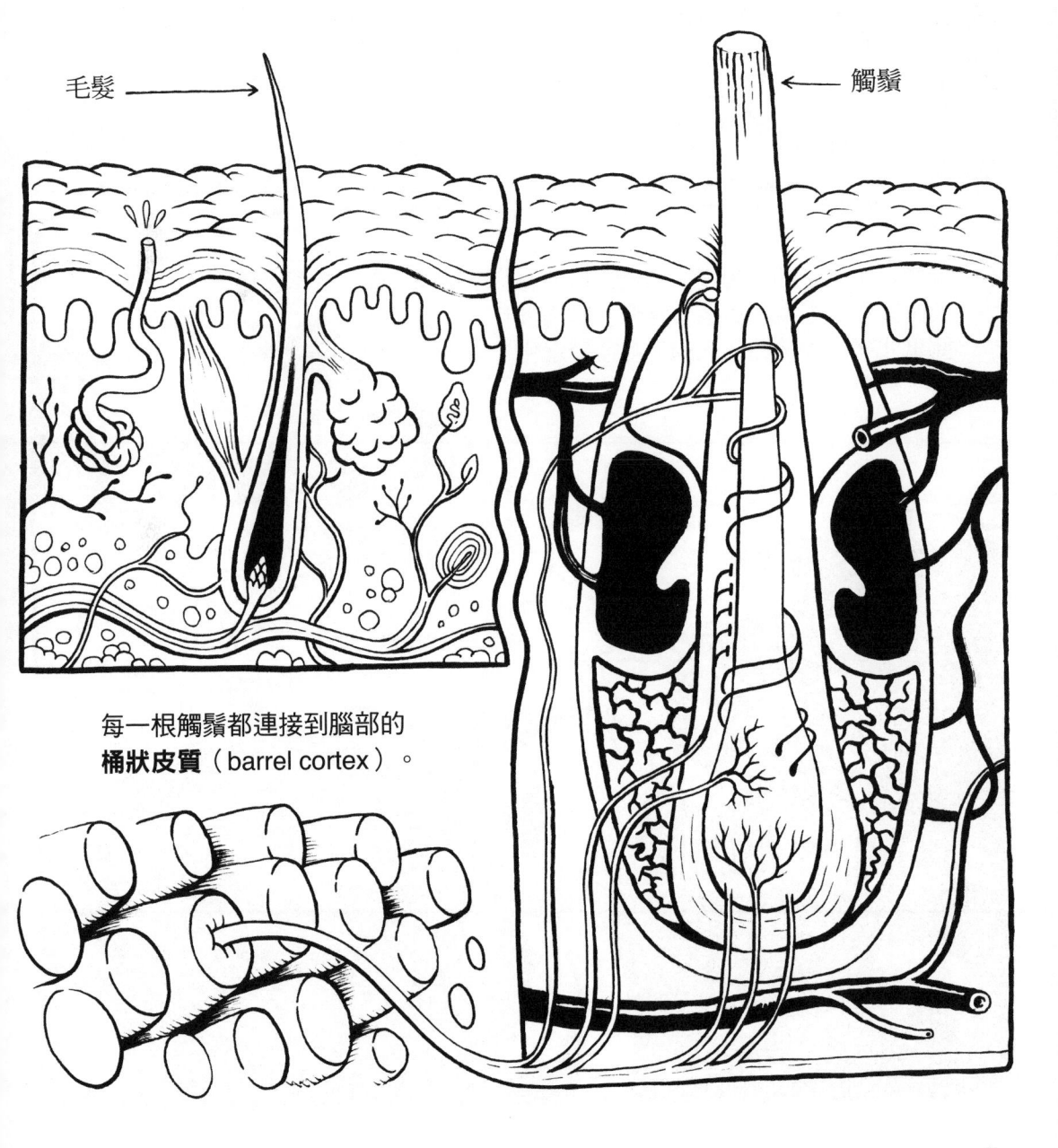

毛髮

觸鬚

每一根觸鬚都連接到腦部的
桶狀皮質（barrel cortex）。

如果毛髮那麼重要，為什麼人類的毛髮那麼稀少？

問得好，真正的原因沒人知道。目前有許多推論，最妙的莫過於，有人宣稱人類演化史上曾經歷一段兩棲時期，為了降低水裡的摩擦力，人的毛髮逐漸退化。（註2）

為什麼人的毛髮集中在頭部？

為什麼新生兒會游泳？

這也能解釋為什麼人類採取站姿……

可信度最高的理論是，人類離開森林到曠野生活時，必須流很多汗才
能調節體溫……

另一個可能是，人類為了消滅身上的害蟲而除掉毛髮。

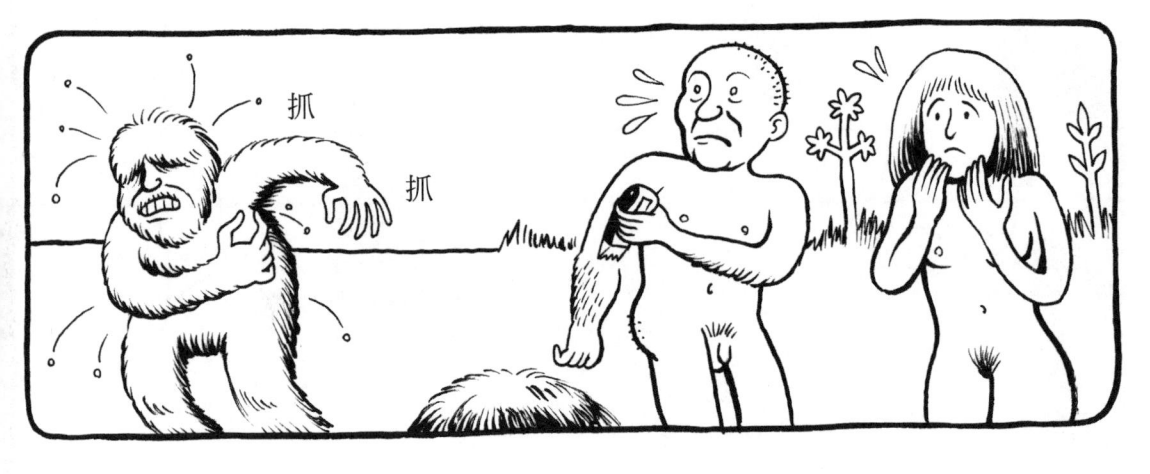

後來選擇性伴侶時，無毛成了健康的象徵。

這也能解釋現代人對除毛的狂熱。

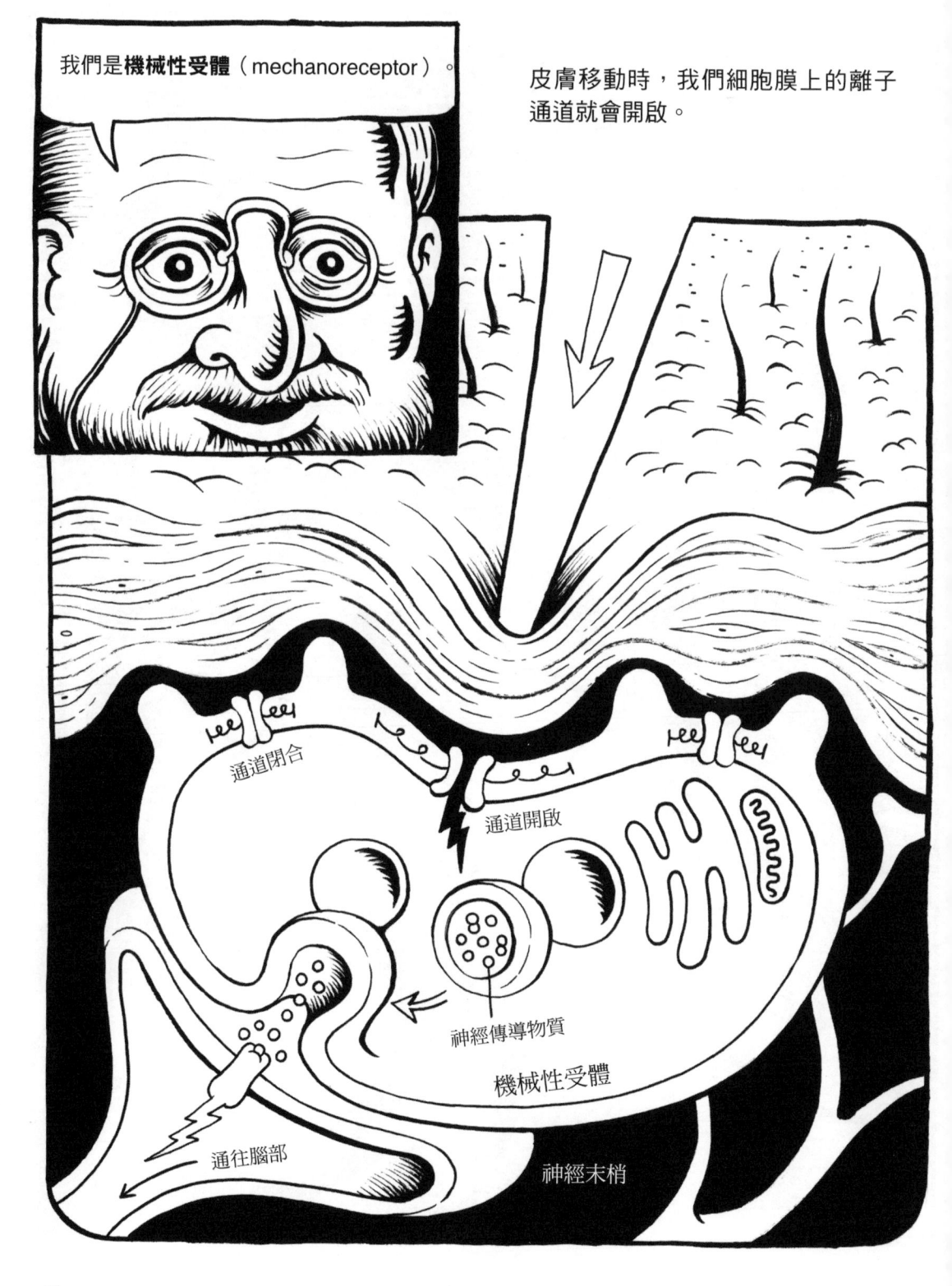

我是**莫氏小體**（Merkel's corpuscle），我的「壓覺」受器負責感測壓力和質地。

我是**麥氏小體**（Meissner's corpuscle），負責感應新的細微觸感，並迅速適應。
（比如穿上衣服後，你很快就忘了自己穿著衣服。）

我是**巴氏小體**（Pacini's corpuscle），我的「環層」（lamellar）受器負責感受深層的壓力。

戳

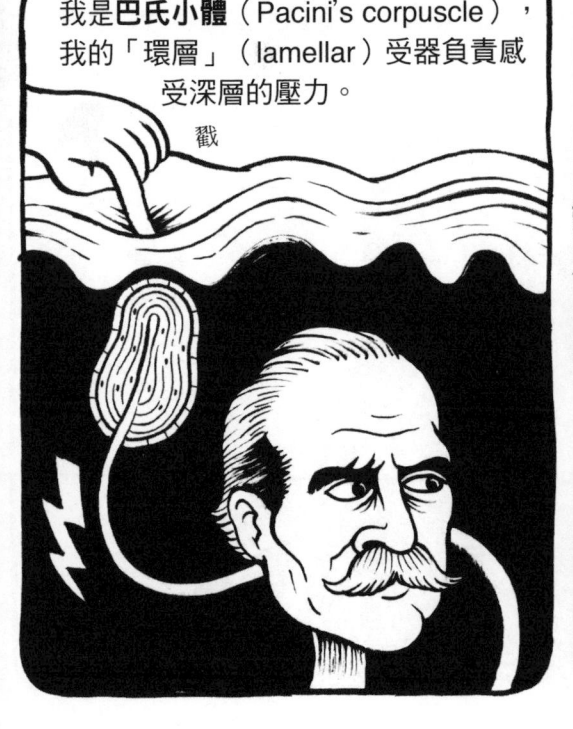

我是**魯氏小體**（Ruffini's corpuscle），我的「球狀」受器能察覺壓力變化和變形的感覺。（註3）

拉扯

神經末梢會把所有資訊送到脊髓，再傳到腦部的中繼站——**視丘**（thalamus）。

視丘會根據訊息來源，將訊息傳送到對應的腦部皮質，由腦部來決定適宜的反應，並啟動身體的運動系統。

但發生緊急事故時，我們可沒空通報腦部。

我們會直接和脊髓中的運動神經元通話。

這就是所謂的**反射反應**（reflex），反射仰賴關節韌帶中的特殊機械性受體。通常痛覺會激發反射。

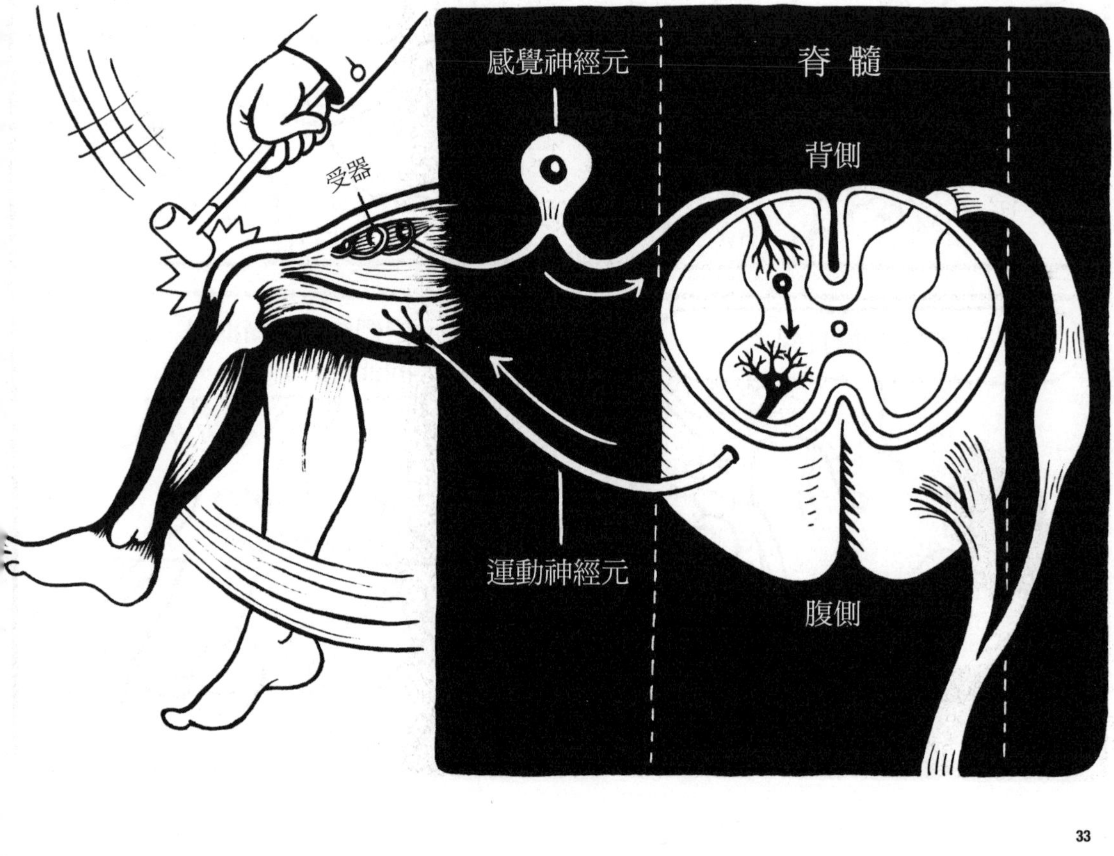

感覺神經元

脊　髓

背側

受器

運動神經元

腹側

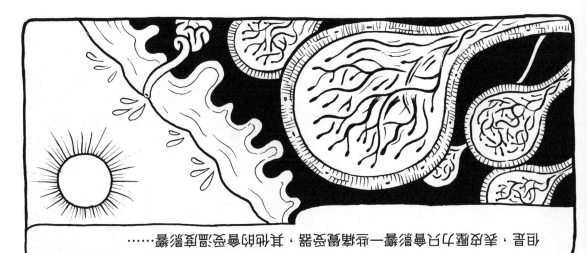

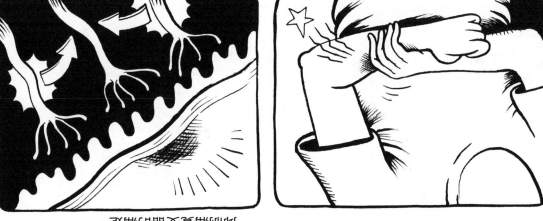

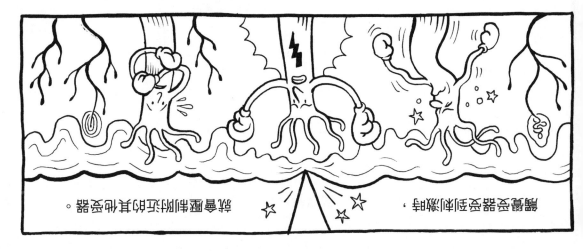

還有一些完全不同的受器家族，叫做**化學受器**（chemoreceptor）。當皮膚遭割傷、刺傷或接觸危險物質時，化學受器就會對腦部發出警告。

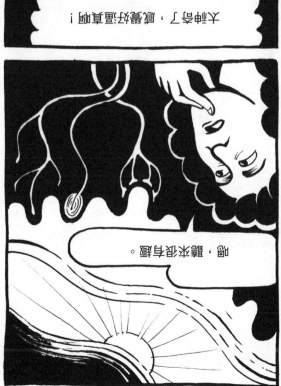

急轉

沒問題，我知道它們在哪裡！

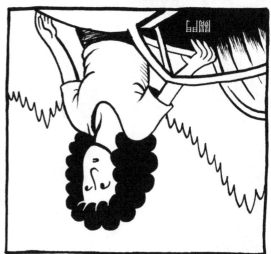

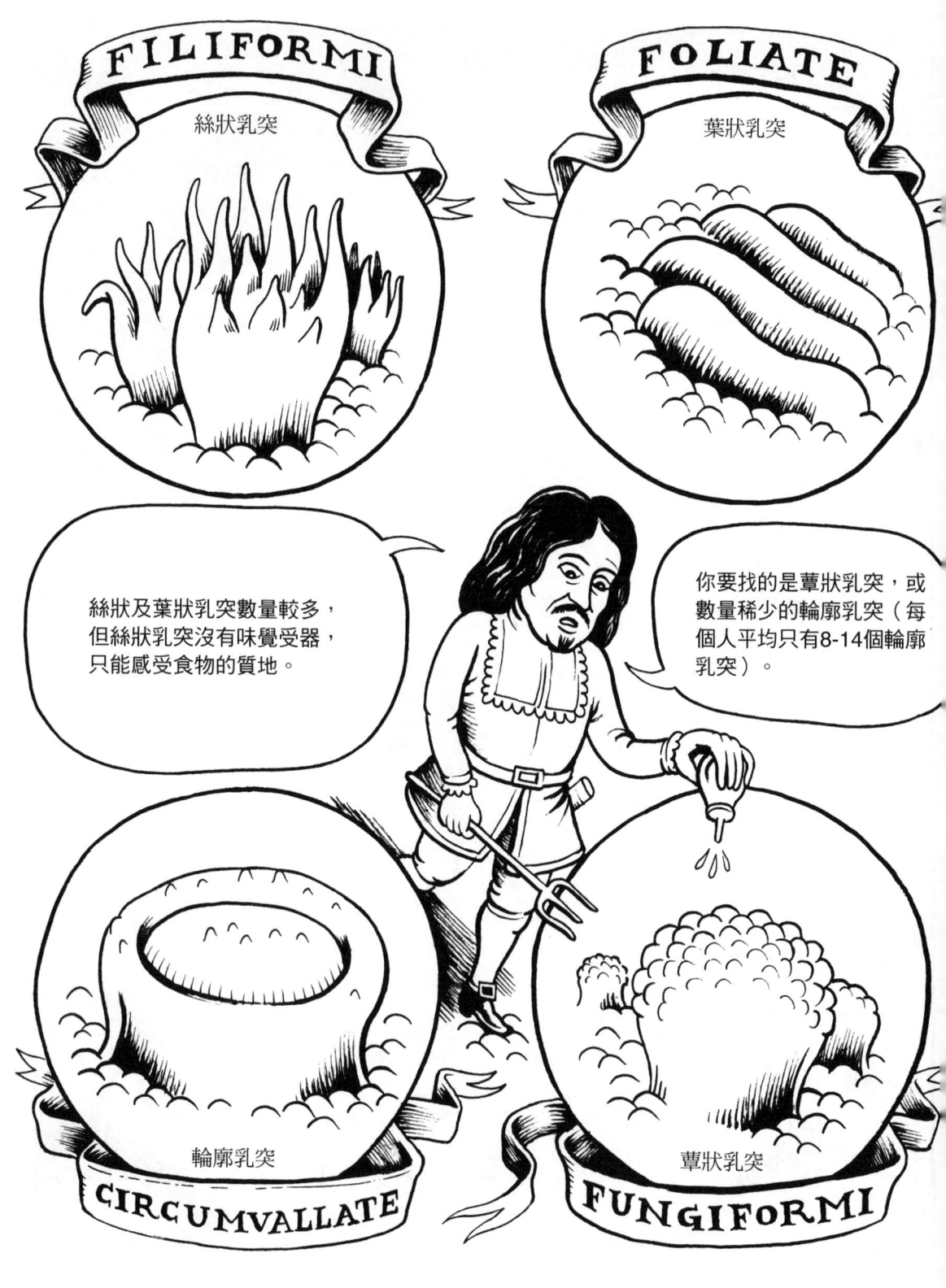

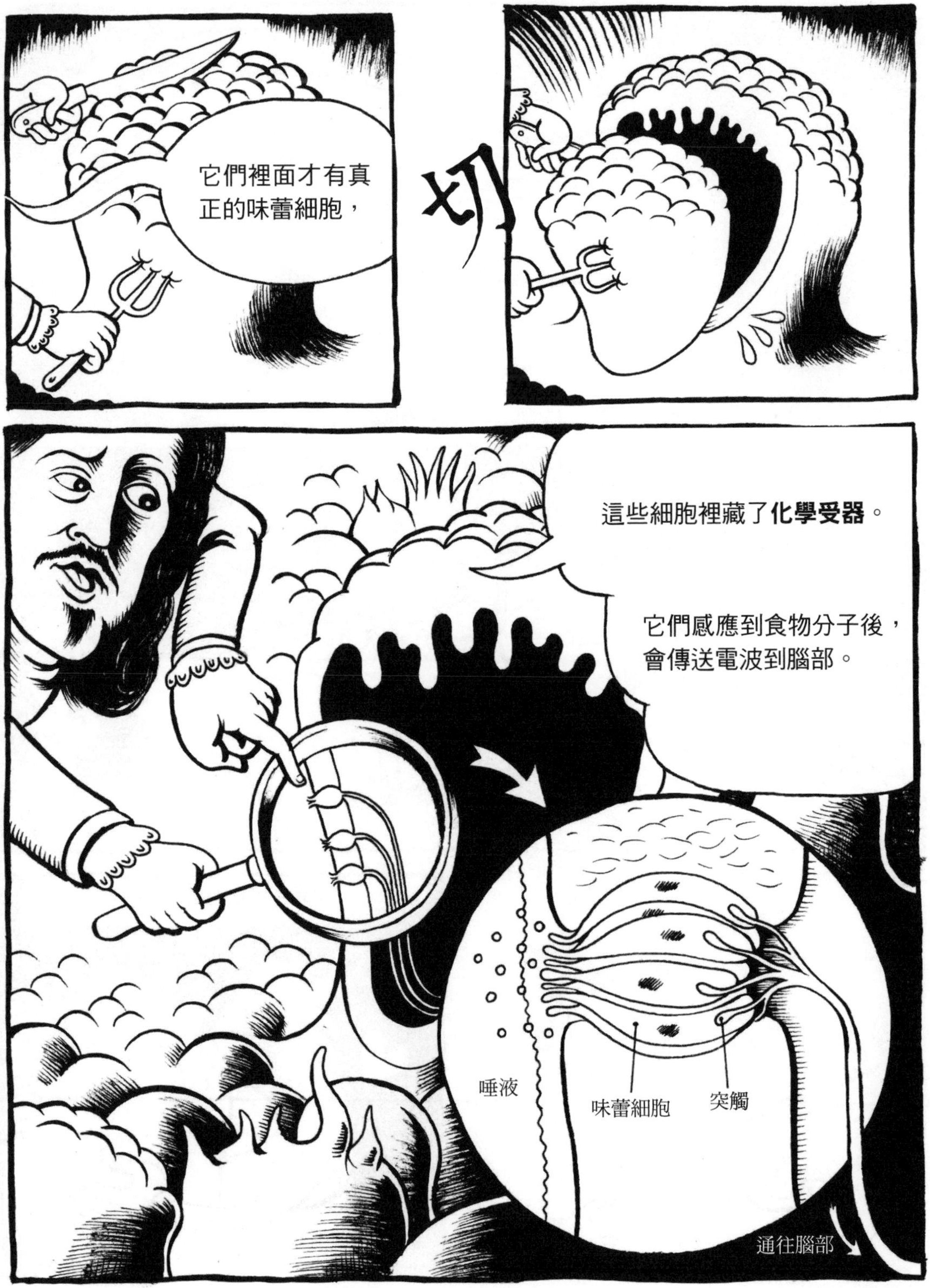

它們裡面才有真正的味蕾細胞，

切

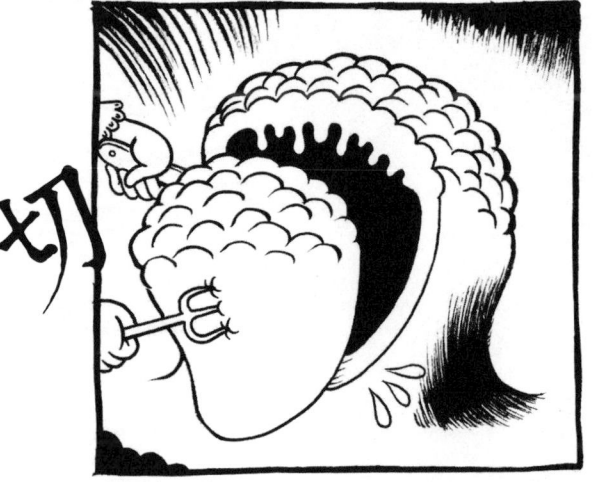

這些細胞裡藏了**化學受器**。

它們感應到食物分子後，會傳送電波到腦部。

唾液　　味蕾細胞　　突觸

通往腦部

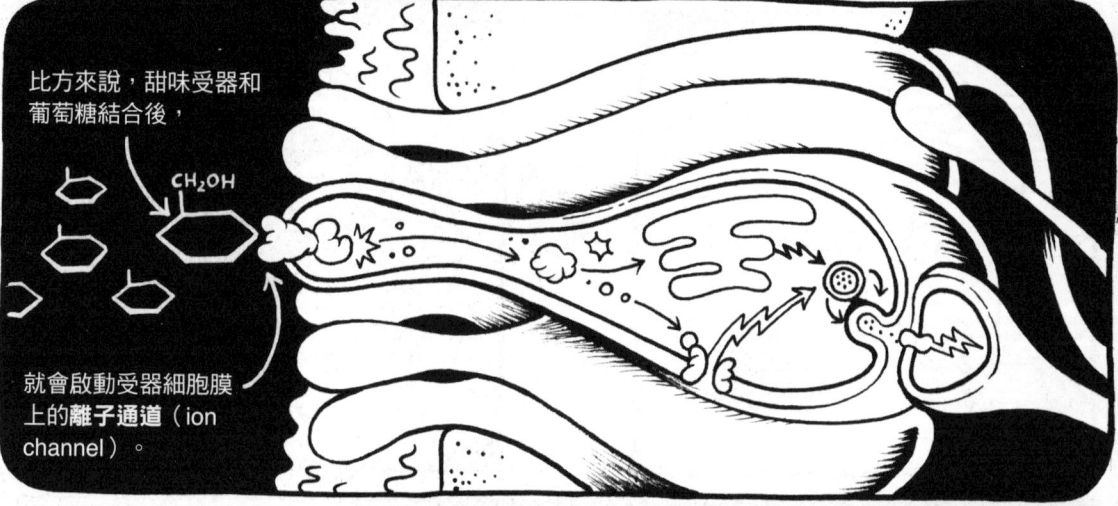

比方來說，甜味受器和葡萄糖結合後，

CH₂OH

就會啟動受器細胞膜上的**離子通道**（ion channel）。

沒錯，給我甜甜！

！？

我愛甜滋滋！

讓一切變得甜蜜蜜！

那是**神祕果蛋白**（miraculin），有些莓果具有這種蛋白質。它本身並沒有甜味，但和甜味受器結合後，再吃到酸的東西時，就會啟動甜味受器，產生甜味。

哈哈，真是好甜蜜啊！

不，我還沒說完呢！苦與酸也許不那麼討喜，但它們也很重要！

苦味與酸味能阻止我們誤食有毒的果實。

原來我小看了舌頭的苦味「區」。

老天爺，舌頭並沒有區域之分！這是流傳已久的謬誤。舌頭上遍布各種味覺受器。（註5）

事實上，有些味蕾具備數種味覺受器。

自從人類懂得**烹調食物**後，就很少吃生食。事實上，有些廣受歡迎的食譜同時包含了五種味道。

五種味道？除了酸、甜、苦、辣外，還有哪一種？

鮮味，那可是最美味的味道！

歡迎，我叫池田菊苗，讓我告訴你這種被忽略已久的味道。

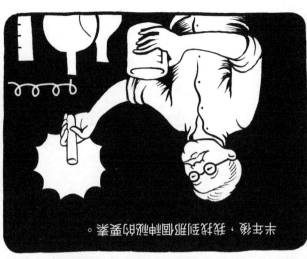

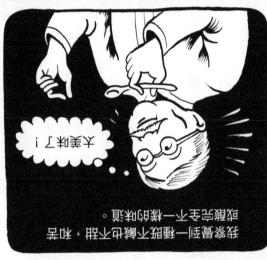

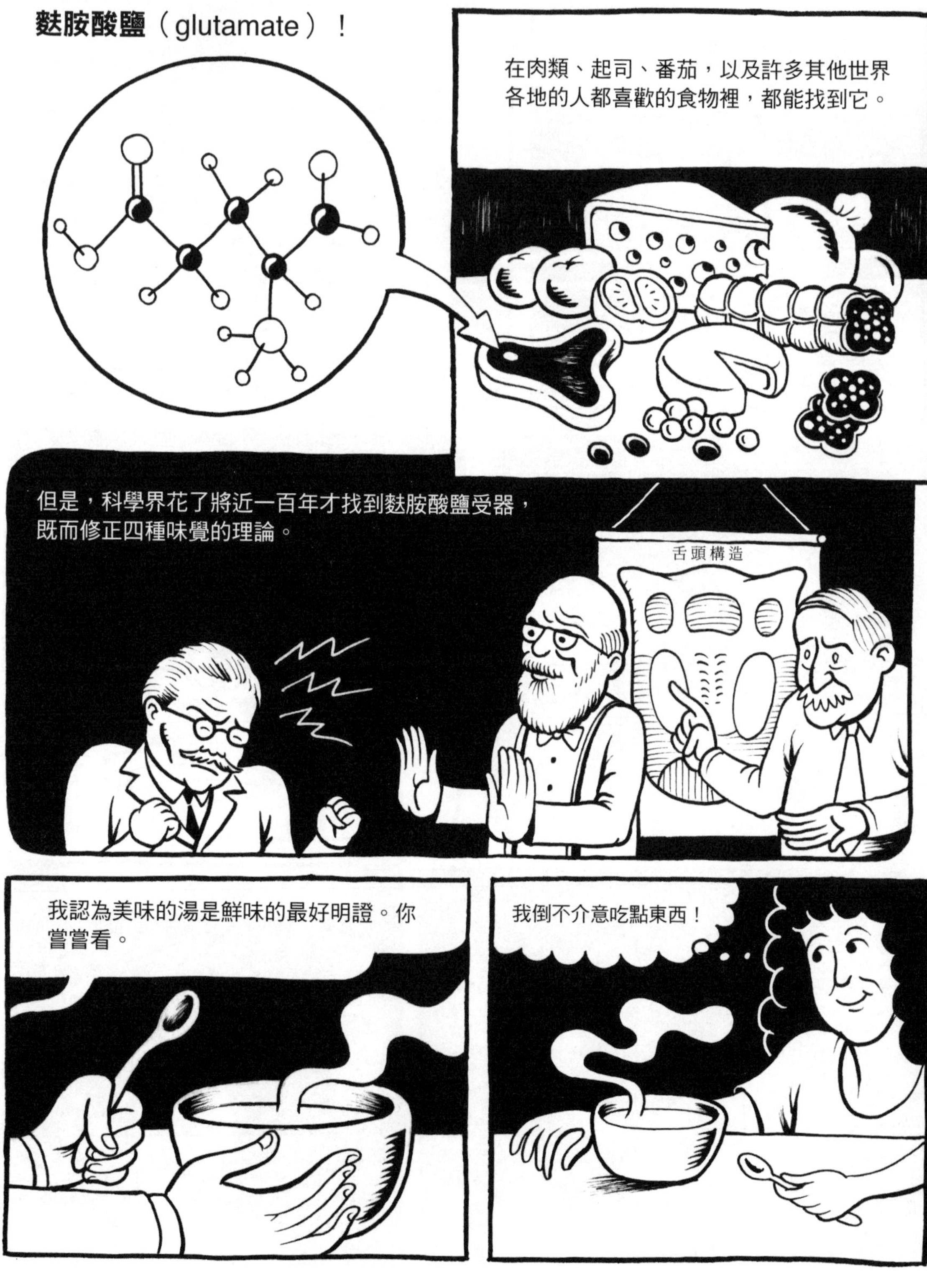

麩胺酸鹽（glutamate）！

在肉類、起司、番茄，以及許多其他世界各地的人都喜歡的食物裡，都能找到它。

但是，科學界花了將近一百年才找到麩胺酸鹽受器，既而修正四種味覺的理論。

舌頭構造

我認為美味的湯是鮮味的最好明證。你嘗嘗看。

我倒不介意吃點東西！

別忘了，麩胺酸鹽也是重要的**神經傳導物質**（neurotransmitter）。

有些美國人第一次食用味精（Monosodium glutamate）時，身體會產生奇怪反應，也稱為中國餐廳症候群。

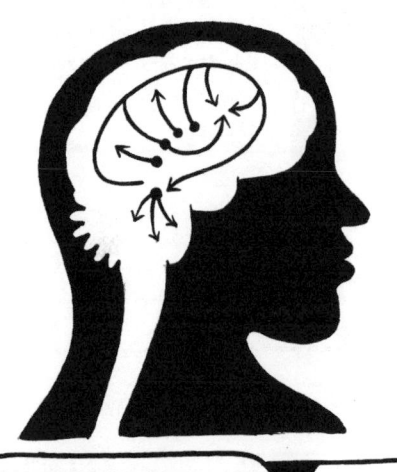

應該知道**血腦屏障**（blood-brain barrier）會阻止體內的麩胺酸鹽進入腦部。科學證明人們對味精的恐懼只是過時的成見。

總之，我認為享受美食的同時，本來就需要承擔些許風險。

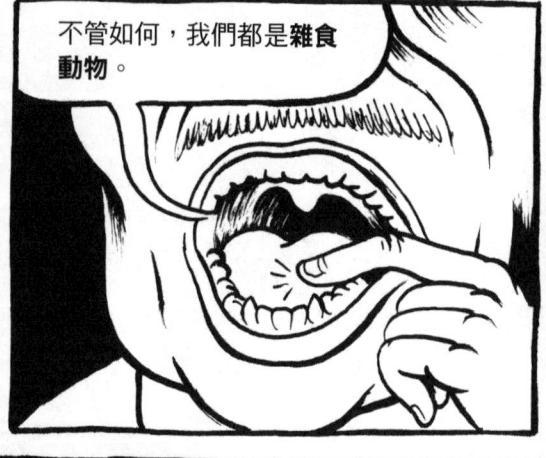

不管如何，我們都是**雜食動物**。

我們無法像無尾熊一樣，每天吃同一種葉子。

有什麼不好？

我們對食物永不止息的渴求，正是讓人類環遊世界、到處尋找異國香料與嶄新味道的原動力。

人對遙遠異國的認識經常始於飲食……

有時還因此引發可怕的戰爭。

說得沒錯，比方說**辣椒**。

辣椒不會刺激味覺受器，但它會啟動連接**三叉神經**的**痛覺受器**，引發臉部反應。

因為辣椒中的
辣椒素（capsaicin）
分子是一種刺激神經細胞的
油脂。

因此，喝水不會沖淡辣味，因為辣椒素不溶於水。

喝牛奶才有用。

也別忘了薄荷醇（menthol）！

它啟動溫度受器（temperature receptor），產生「清涼感」。

啊!真清爽。

這麼說來,我的舌頭其實感覺不到薄荷的清新?

不是這麼說。我們除了透過質地和黏稠度來感覺食物,還仰賴另一種重要的化學感覺,也就是**嗅覺**!

咻⋯⋯ WOOOSH

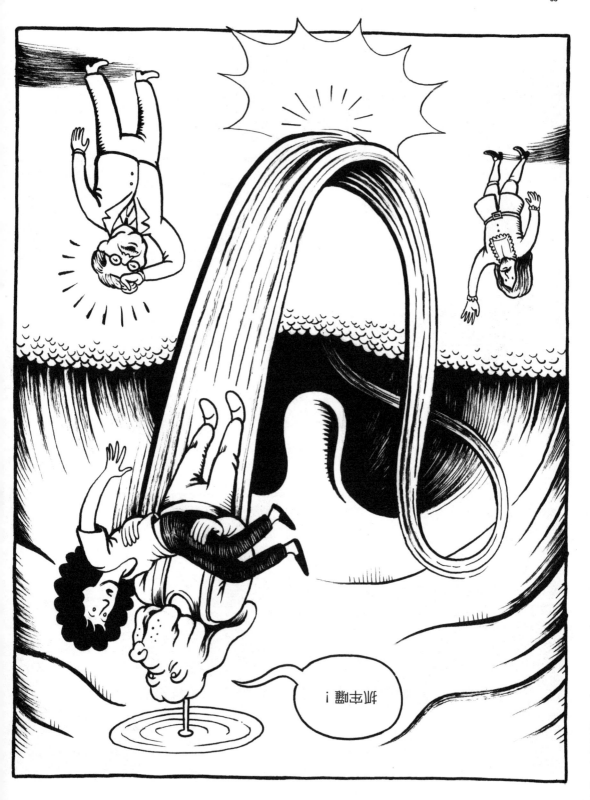

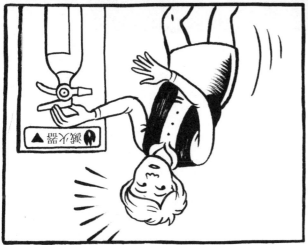

SMELL
嗅覺

你們這群可憐猴子的嗅覺實在很不敏銳。

欸，我可不是猴子！

說得沒錯！

那是誰？

他是著名的法國美食家，布里亞－薩瓦蘭（Brillat-Savarin）。

不只如此，鼻子不只聞得到進入鼻腔的分子……

也能從我們口中聞到美味食物的香氣。

雖然靈長目動物失去了吻部（可能是因為演化壓力讓我們仰賴視覺而非嗅覺），**但我們對食物氣味的辨別能力依舊很強**（這對人類這種雜食性動物來說很重要）。

吸（鼻前氣味）

呼（鼻後氣味）

事實上，所謂「滋味」（flavour），其實是鼻子以味覺為根基所打造出的美麗宮殿。

滋味

味覺

我們很少提到嗅覺的重要性，但一旦失去嗅覺，吃東西就會食不知味。想像一下，所有的水果嘗起來只有甜味，巧克力除了苦味別無其他。

對啦，隨便你說。但最重要的是，狗不但能聞到很少量的氣味，還能區別其中的細微差異。我能夠追蹤**幾天前**某人經過留下的氣味。

受器**數量**才是重要關鍵。

你只有**400**種受器，而狗擁有超過**1,000**種受器。（註6）

瞧瞧鼻腔下的黏液。

大部分的化學受器都是依照「鎖鑰模式」運作，也就是說，特定分子能開啟對應的受器，

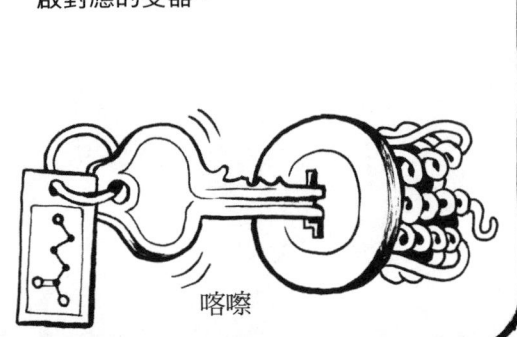

喀嚓

但**嗅覺受器**似乎能辨認單一分子上的不同特徵，因此會對許多形狀相似的分子產生反應。

我和理查・艾克謝爾發現上百種受器，每一種受器都能感應數種氣味。（註7）

而每種氣味也會同時啟動數種受器。

因此，**氣味**無法像顏色或聲音一樣，畫出明確的關係圖或分門別類。我們描述氣味的字彙有限，往往只能憑藉**相似度**來形容，比如說：「這東西聞起來**很像**那個東西。」

你們這些猴子老想著怎麼分類！

其實讓鼻子引領你就夠了。鼻子並非理性的器官，它與我們的**記憶**與**感受**緊密相連。

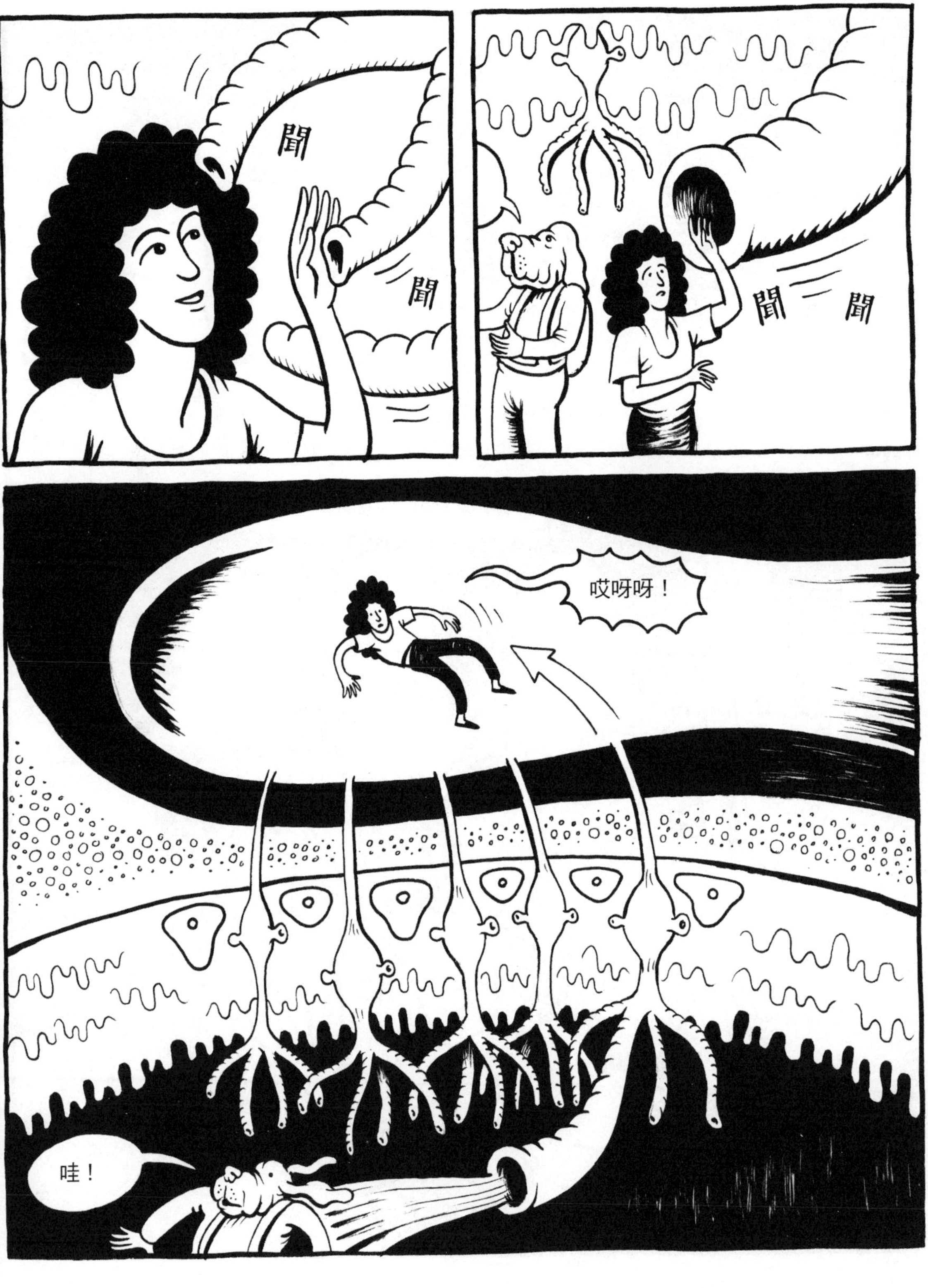

你剛提到記憶，對吧？（註8）

我正在追憶一段似水年華,你能助我一臂之力嗎?

等等,我們在哪裡?我該怎麼出去?

這裡是**嗅球**(olfactory bulb),由許多名叫**嗅神經球**(glomeruli)的球狀構造構成。每個嗅神經球都會接受來自鼻腔細胞中的資訊,鼻腔細胞中也有嗅神經球。

通往腦部

嗅神經球

嗅覺細胞

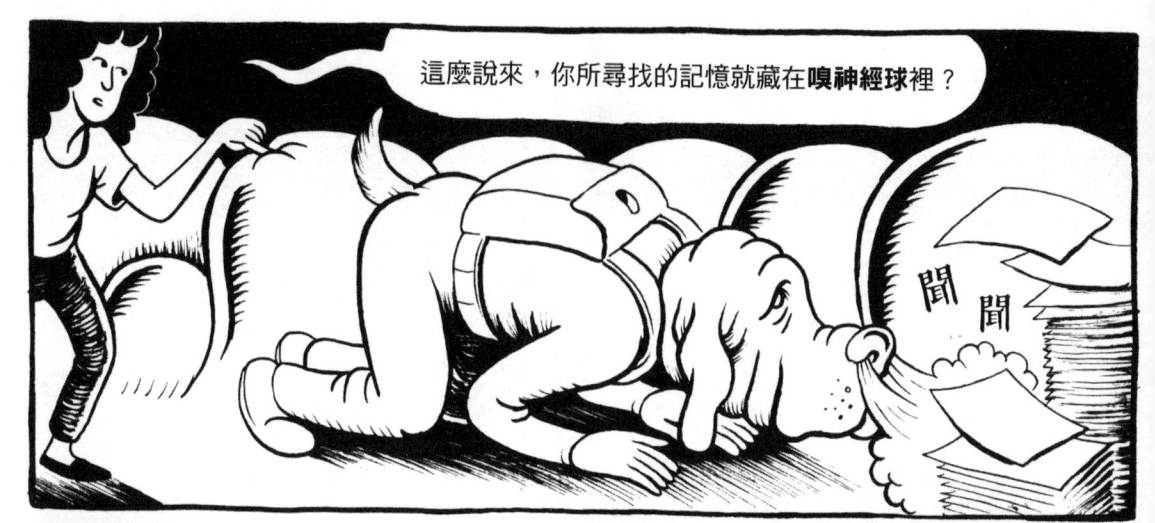

嗯……看來要找到你的回憶可不容易。

讓我試試看……

聞 聞

聞

跟我來。

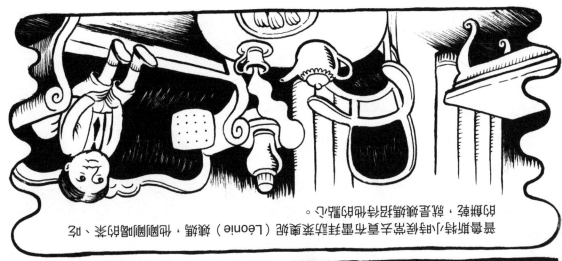

哇噻，你真能從氣味中找出這麼多資訊？

當然囉！人類也可以，雖然你們很少注意到。

這就是為什麼你可以在對方開口之前，就知道他很生氣或很害怕。

這就是**費洛蒙**（pheromones）的功勞。

怎麼知道的？

費洛蒙是最古老的溝通方式。

從單細胞生物到構造複造的哺乳動物，
大部分的動物體內都藏有**費洛蒙**這種神奇的化學物質，
它能激發同物種的反應。

費洛蒙的功能
很多，

可以警示**危險**，

通知**食物**
來源，

也能引導複雜的**求偶行為**。

81

狗先生，別講那麼快……

還真的咧！一提到費洛蒙，昆蟲學家亨利－法布爾（Henri-Fabre）就冒了出來！

的確，大部分的動物都會製造費洛蒙，且會由梨鼻系統（vomeronasal system）感應費洛蒙，但人類的梨鼻器不太發達。

你們這些裝腔作勢的猿猴有夠煩！老是想著人類多麼與眾不同。要不是費洛蒙的影響，你們怎麼會花那麼多時間與金錢，在身上塗滿植物油？

有些花兒製造的精微分子令我們傾倒，但它們存在另有原因……

這些香味令我頭暈腦脹。

花朵真正的愛人是昆蟲，牠們對費洛蒙反應最為敏銳。二者一起演化了**數百萬年**。

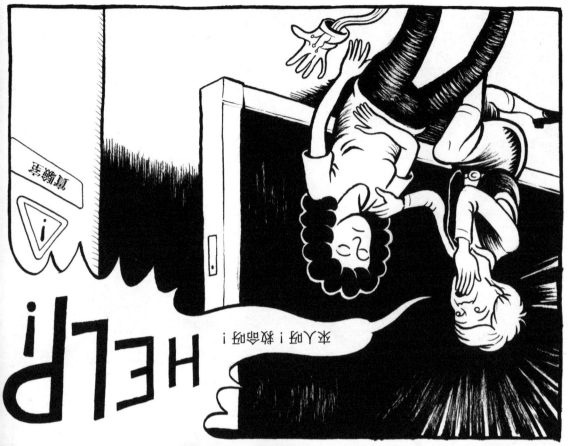

HEARING
聽覺

救命呀！

老天爺，別再叫了！我對聲音很敏感。

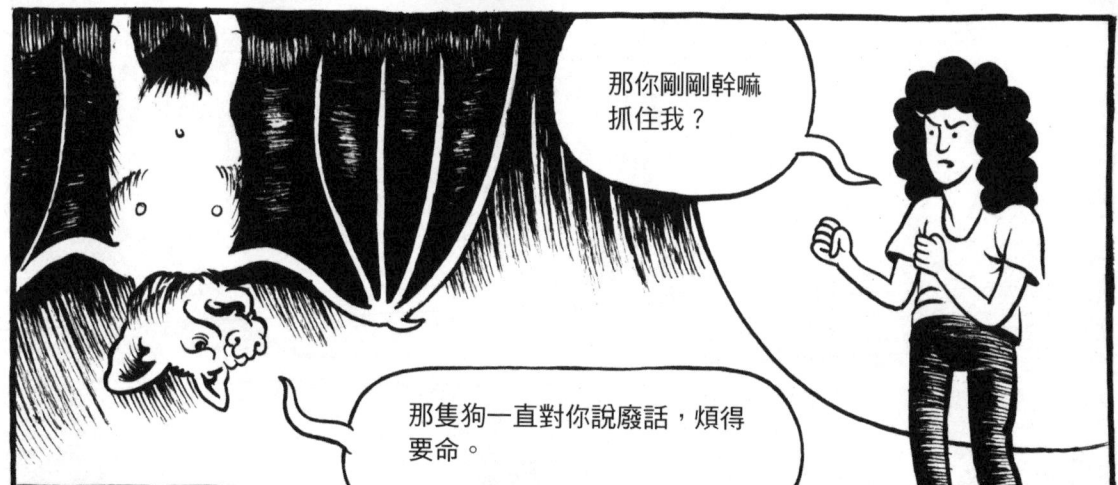

那你剛剛幹嘛抓住我？

那隻狗一直對你說廢話，煩得要命。

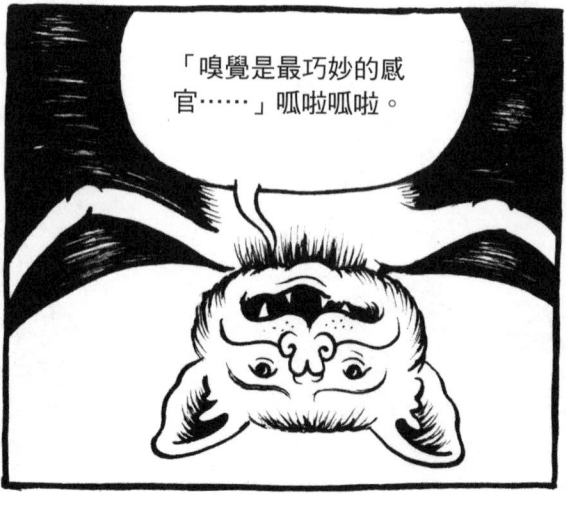

「嗅覺是最巧妙的感官……」呱啦呱啦。

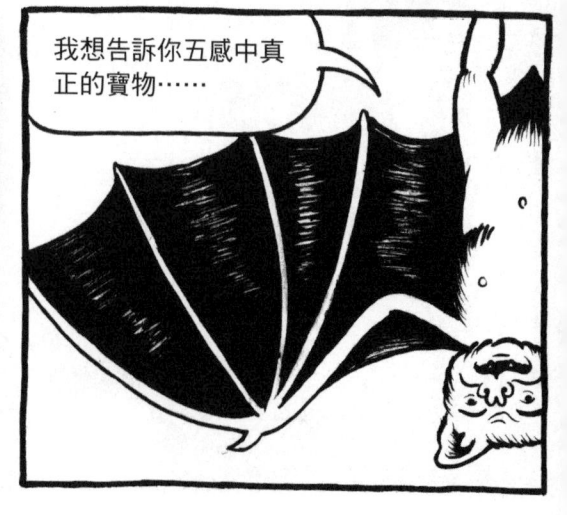

我想告訴你五感中真正的寶物……

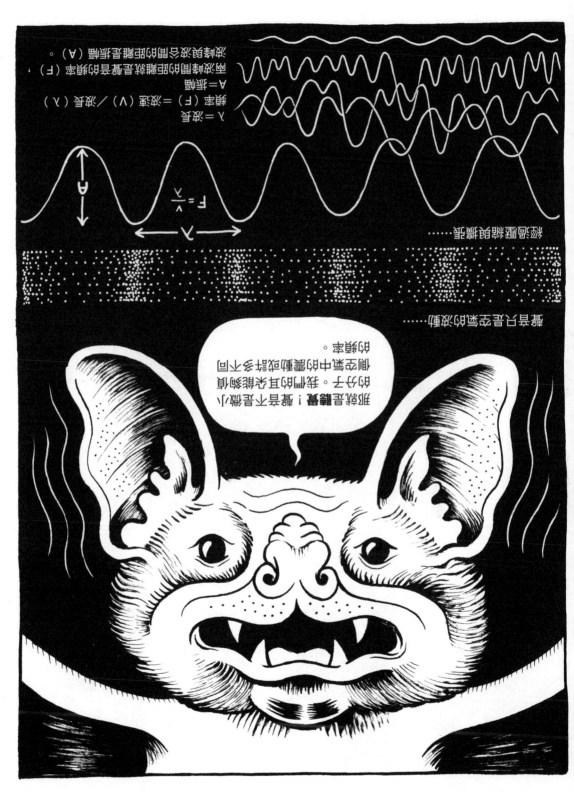

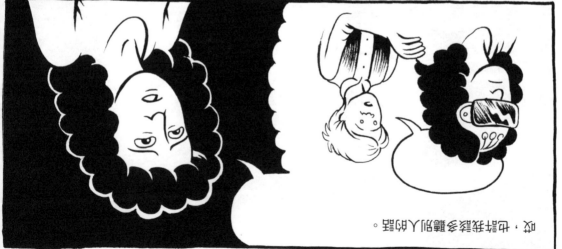

好吧。那我換個說法。若我多用心聽，也許就能跳出這個奇怪的異象。

我的朋友**柯蒂侯爵**花了很多時間研究人類的耳朵，也許他能幫你一把。

這是我的榮幸。（註10）

!?

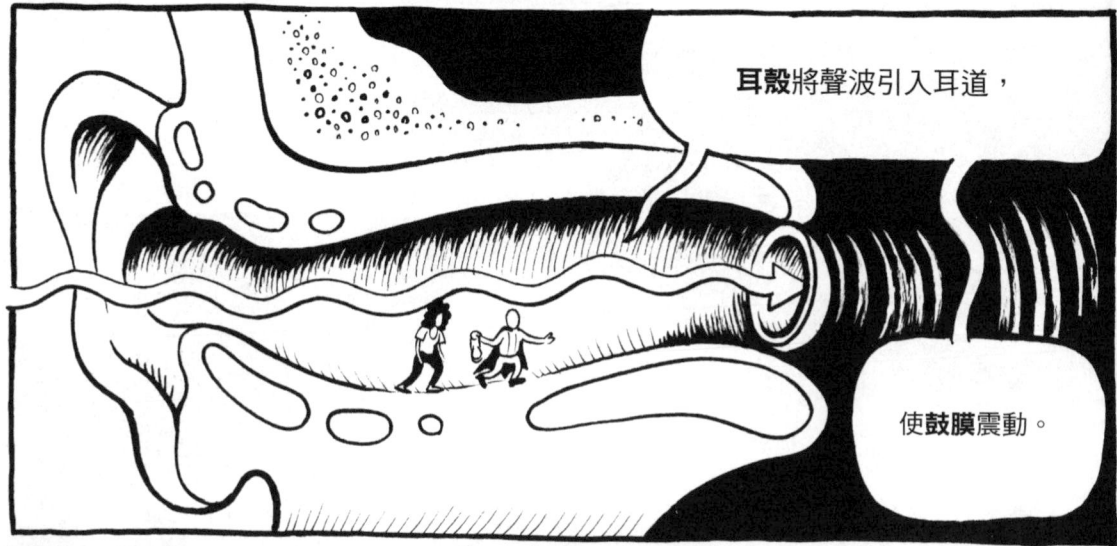

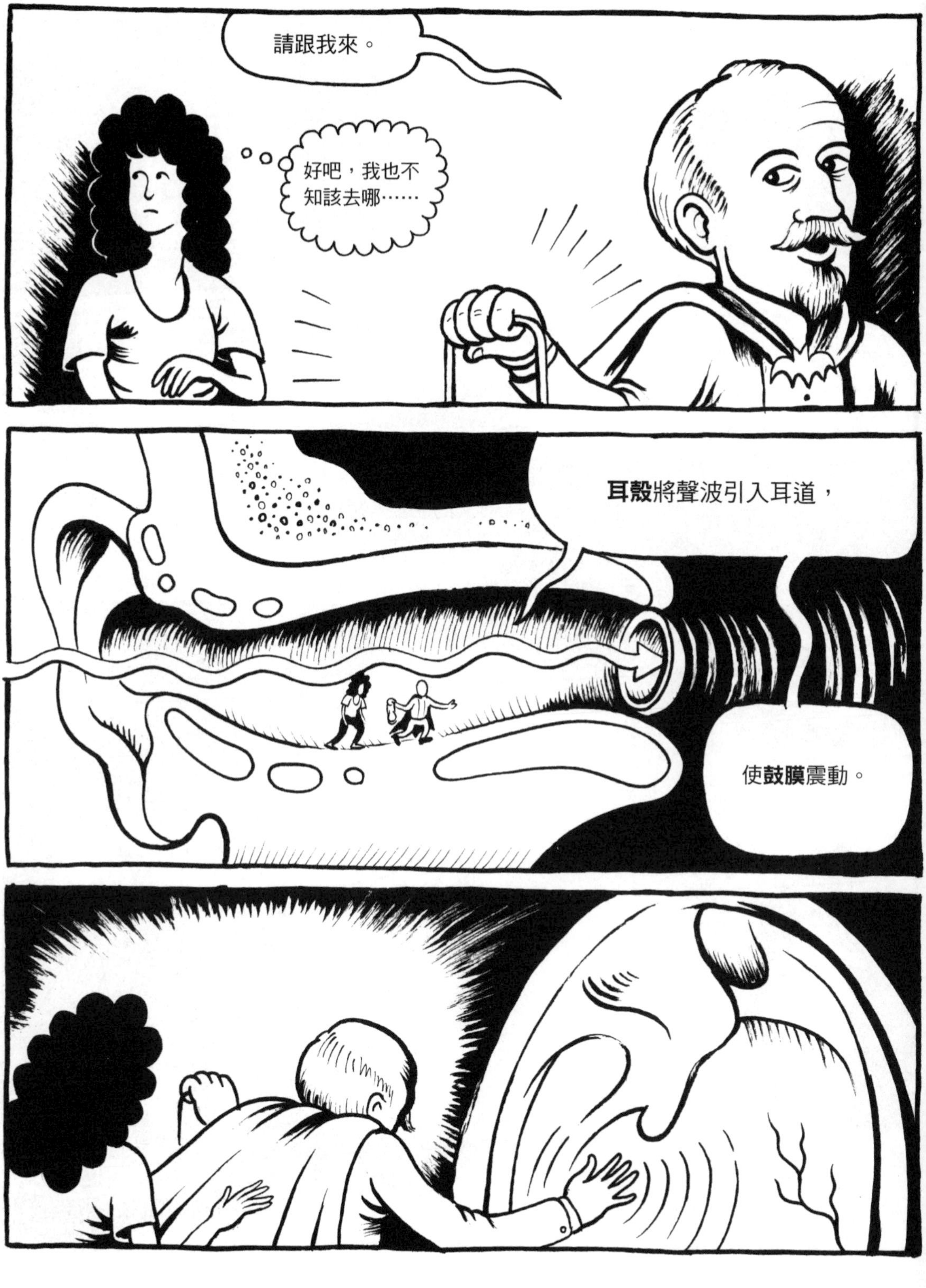

請跟我來。

好吧，我也不知該去哪……

耳殼將聲波引入耳道，

使**鼓膜**震動。

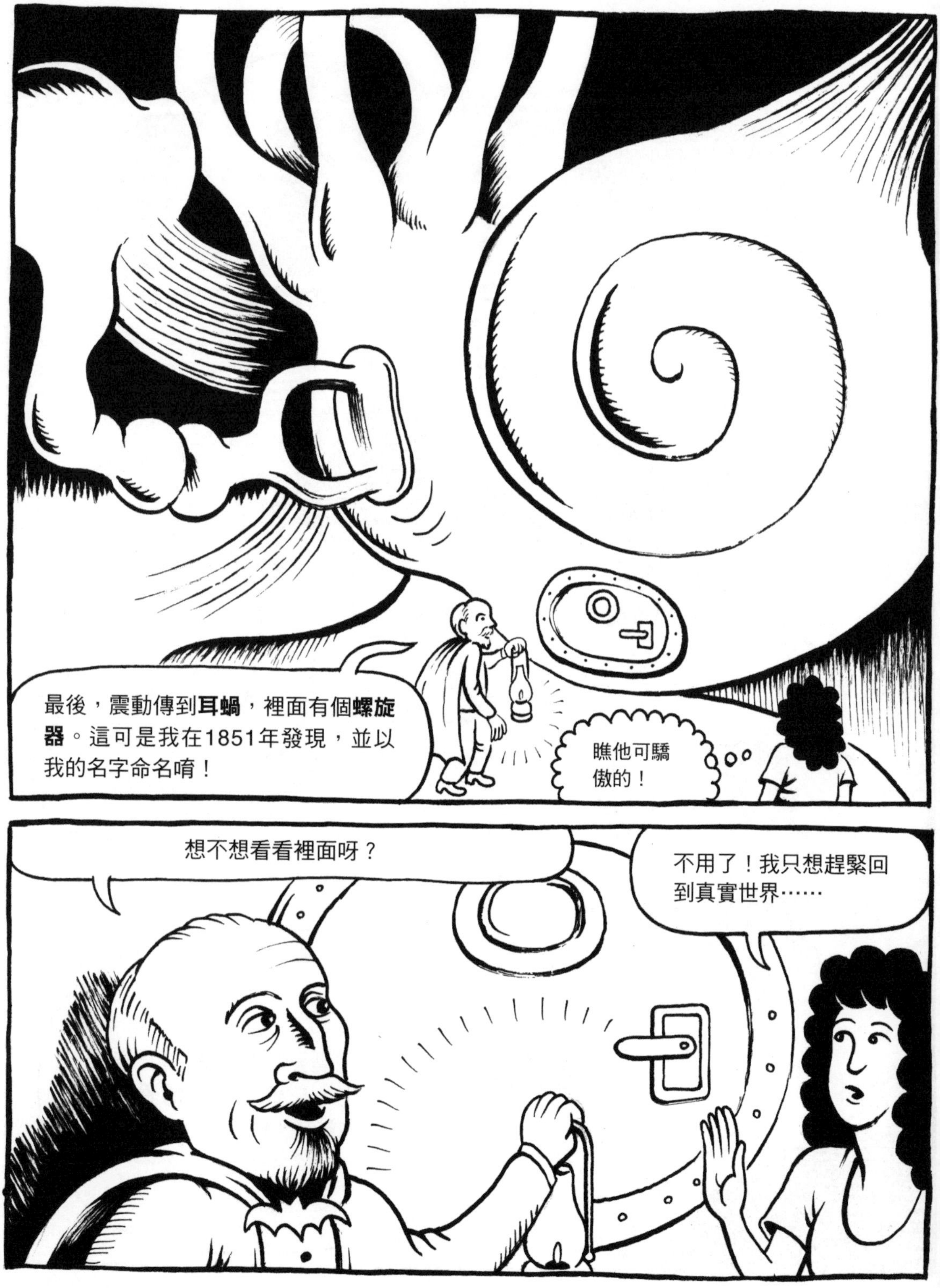

最後，震動傳到**耳蝸**，裡面有個**螺旋器**。這可是我在1851年發現，並以我的名字命名唪！

瞧他可驕傲的！

想不想看看裡面呀？

不用了！我只想趕緊回到真實世界……

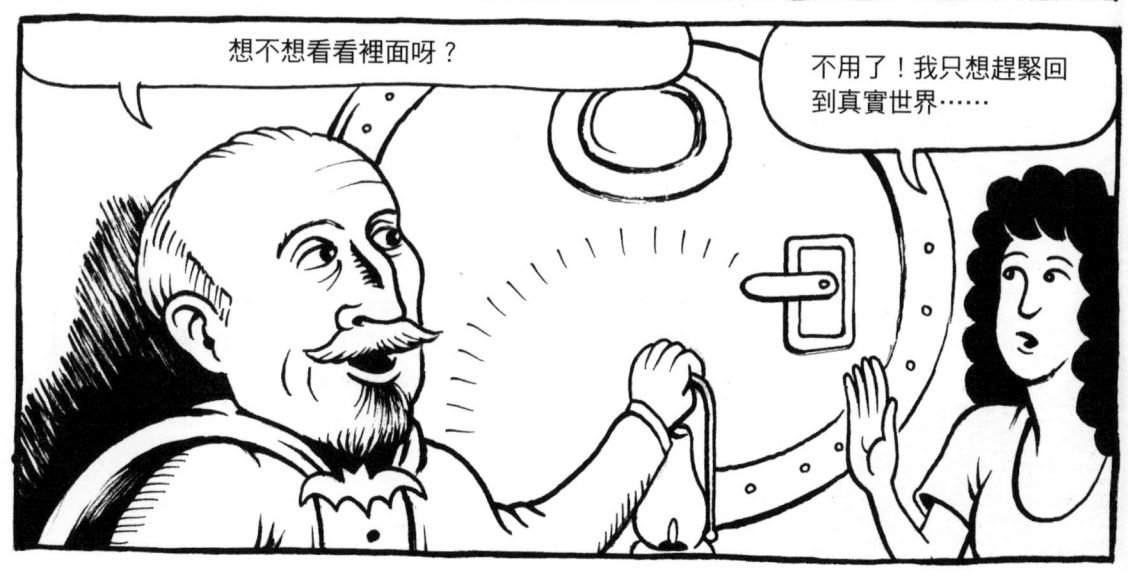

98

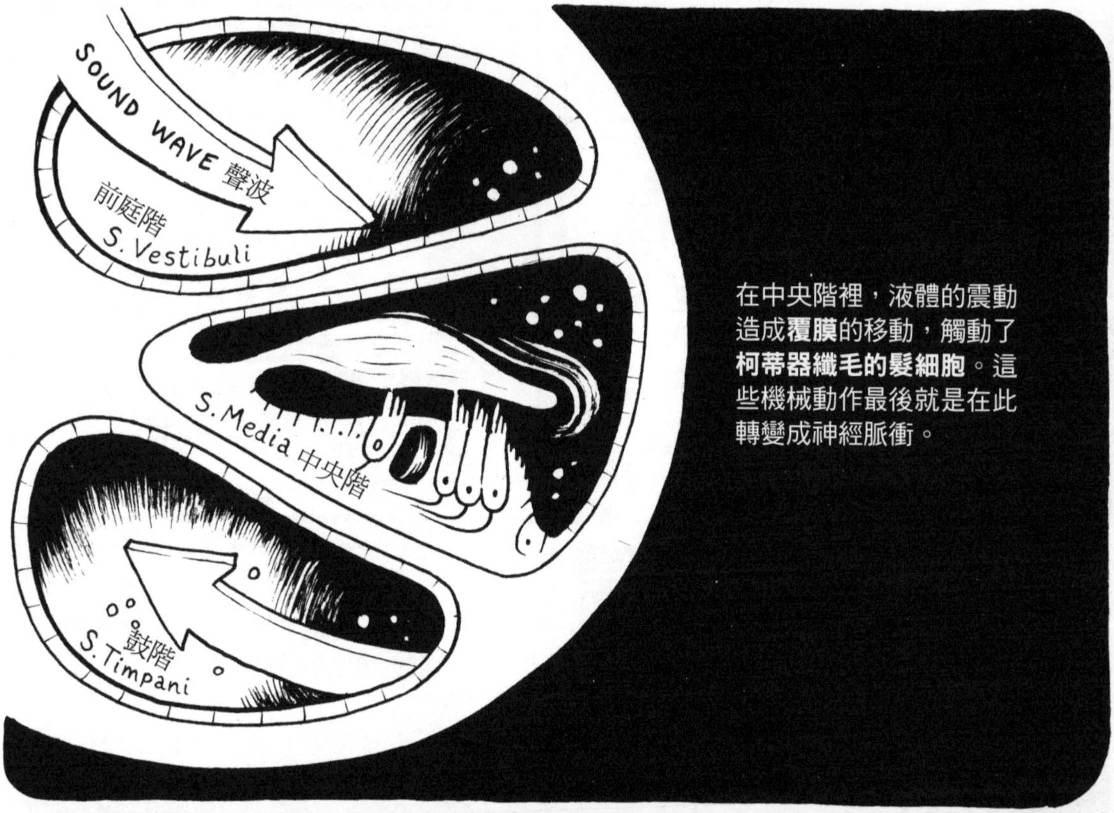

SOUND WAVE 聲波

前庭階
S. Vestibuli

S. Media 中央階

鼓階
S. Timpani

在中央階裡，液體的震動造成**覆膜**的移動，觸動了**柯蒂器纖毛的髮細胞**。這些機械動作最後就是在此轉變成神經脈衝。

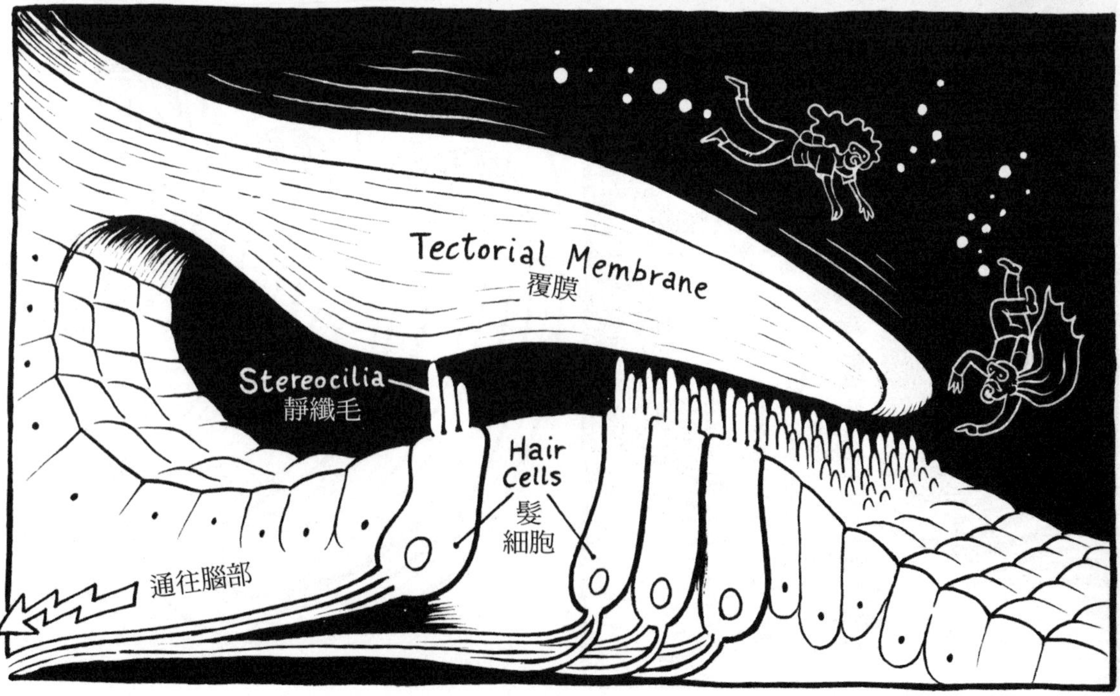

Tectorial Membrane
覆膜

Stereocilia
靜纖毛

Hair Cells
髮細胞

通往腦部

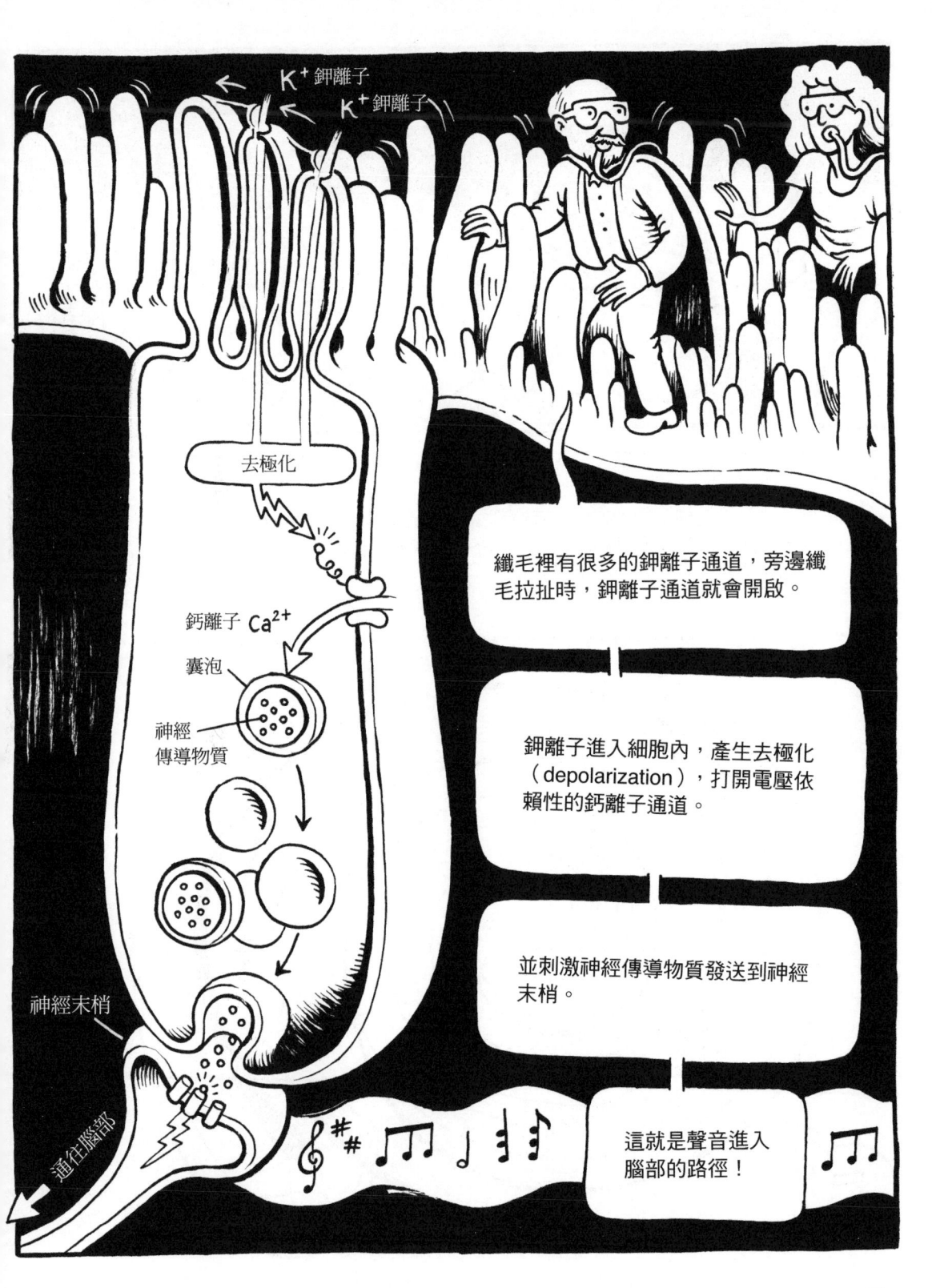

哎呀，這就是最神奇的地方啦。有個理論認為基底膜（basilar membrane）的一端比較厚，不同頻率會讓不同區塊震動。而各種頻率的振動會刺激螺旋體上不同的聽覺細胞（也能依此感知空間中的不同聲音）。

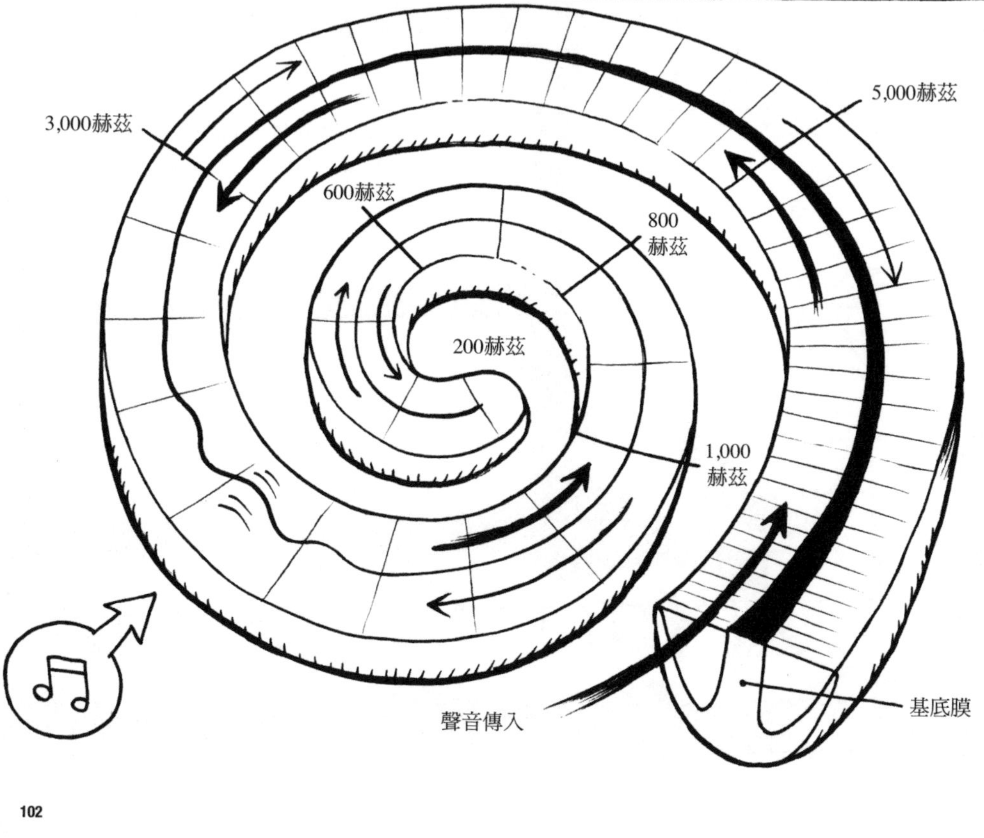

3,000赫茲

5,000赫茲

600赫茲

800
赫茲

200赫茲

1,000
赫茲

聲音傳入

基底膜

低頻的低音刺激基底膜的中心端，高頻的高音刺激尾端的細胞，就像鋼琴琴鍵一樣。

聽覺系統實在太美妙了，聽聽那C大調的樂音！恰到好處。

哇，你怎麼知道這是C大調？

你一定具備絕對音準！

什麼是絕對音準？

就像腦中有根調音棒，讓你能夠立刻分辨音頻。

靠練習能學會這種能力嗎？

目前還不確定基因是否為影響因素之一，但的確可透過後天訓練達到絕對音準。近年的研究證明，盲眼人士分辨音高的能力比較精準。此外，像中文這種**聲調語言**，一個聲音會因不同音調產生不同意義。會講聲調語言的兒童也比較擅於分辨音符。

mà
罵

mā
媽

má
麻

mǎ
馬

真特別……你是說這種語言有點像音樂嗎？

語言**當然**很像音樂！

你們的語言學家終於發現我們**鳥兒**一直知道的事情啦！

所謂的語言其實是由「音樂」演變而來，語言是一連串表達特定意義和情緒的聲音形式。

真的嗎？

並不是大家都認同這種說法……**語言**和左腦的**布洛卡區**（Broca's Area）緊密相關，而右腦的同一區塊則負責處理音樂。

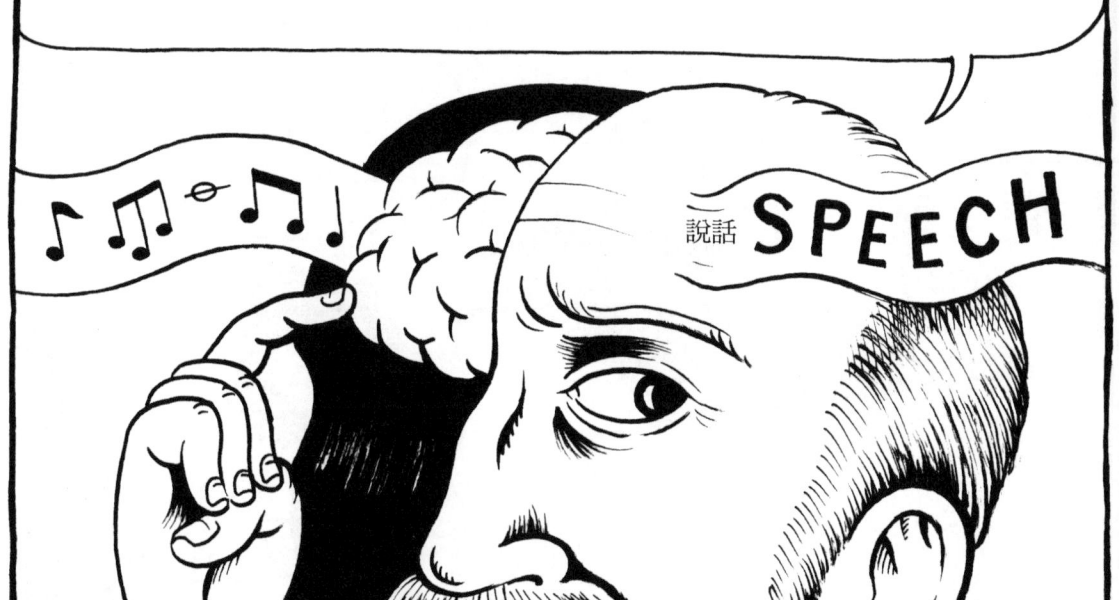

當布洛卡區受損，病人會失去說話的能力。但音樂療法能幫助病人恢復說話能力，這可能就是箇中道理。和其他資訊一樣，把語言和音樂結合，有助於記憶。

這是因為大腦喜歡**規律**與**重複**。

因此，**沒有規則的聲音**很惱人，我們稱它們為**噪音**。

事實上，大部分的古典樂都是以相同和弦為基礎，加上結構明確的變奏。

別聽那些過時作曲家的鬼話！

音樂沒有對錯，只有你聽慣的**舊聲音**和沒聽過的**新聲音**！

拿我的好友**伊果・史特拉汶斯基**（Igor Stravinsky）來說吧！
他創作了嶄新的芭蕾舞曲，同時代的人根本聽不下去，好幾年後大家才開始欣賞他的作品。沒想到三十年後，他的音樂居然被當作卡通配樂！

1913

1940

當然，學習能力扮演了重要角色。

連幼鳥也必須學習鳥之歌，並加入自己的變奏。

不過，生理構造可能也有影響，讓大腦特別喜歡某種形式的樂音。

我們在日常語言中，常常透過音樂性來表達**情緒**。回想一下母親對嬰兒說話的方式……

母親發出對孩子來說無意義的聲音，但是新生兒的腦部已能**辨別**聲音的形式，

了解母親在稱讚或是責備自己。

這些聲音形式居然有跨文化的共通性，代表一定跟**遺傳**有關。（註13）

與此同時……

她還好嗎？

看來沒有大礙，

但她對外界刺激毫無反應……就好像陷入一場深沉的夢境。

視網膜在**腦**裡？應該說在**眼睛**裡吧？

這麼說也沒錯……

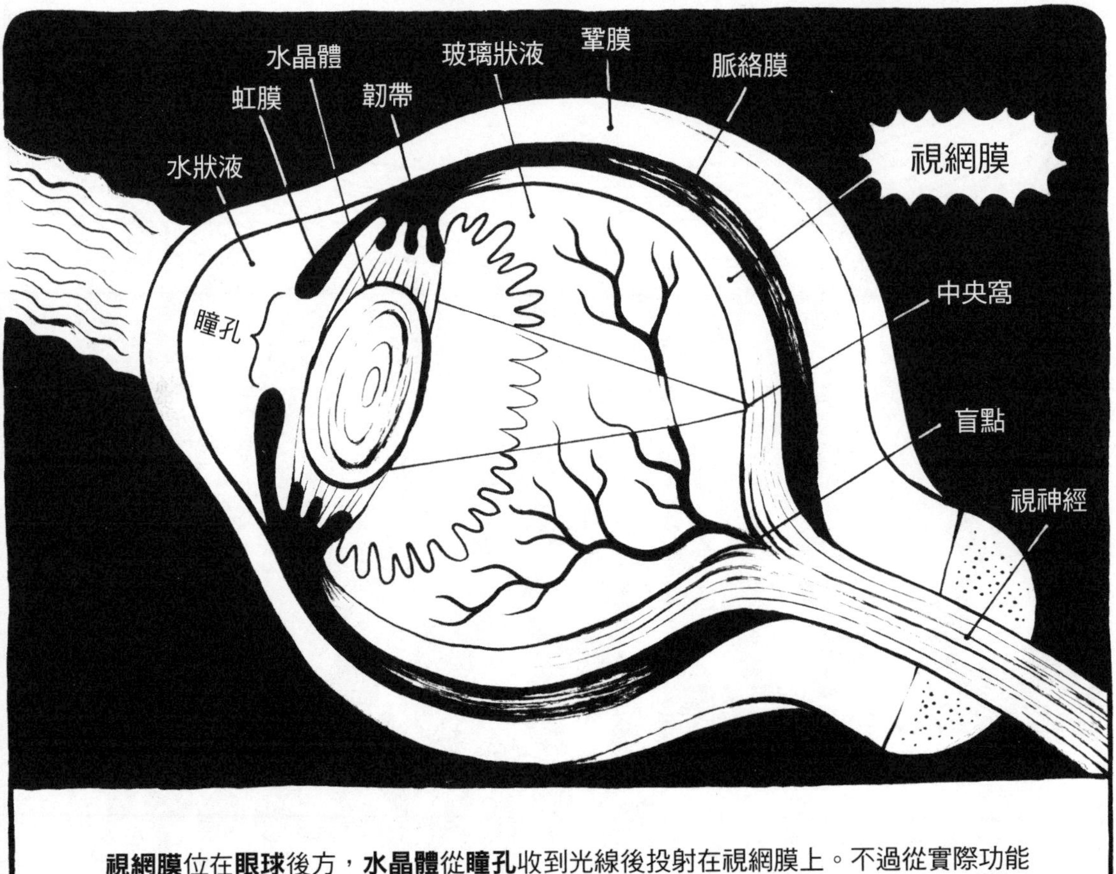

水晶體
玻璃狀液
鞏膜
虹膜
韌帶
脈絡膜
水狀液
視網膜
瞳孔
中央窩
盲點
視神經

視網膜位在**眼球**後方，**水晶體**從**瞳孔**收到光線後投射在視網膜上。不過從實際功能來看，視網膜是中樞神經系統的一部分。和其他感覺器官比較起來，視網膜和**腦部**的關係更緊密得多。

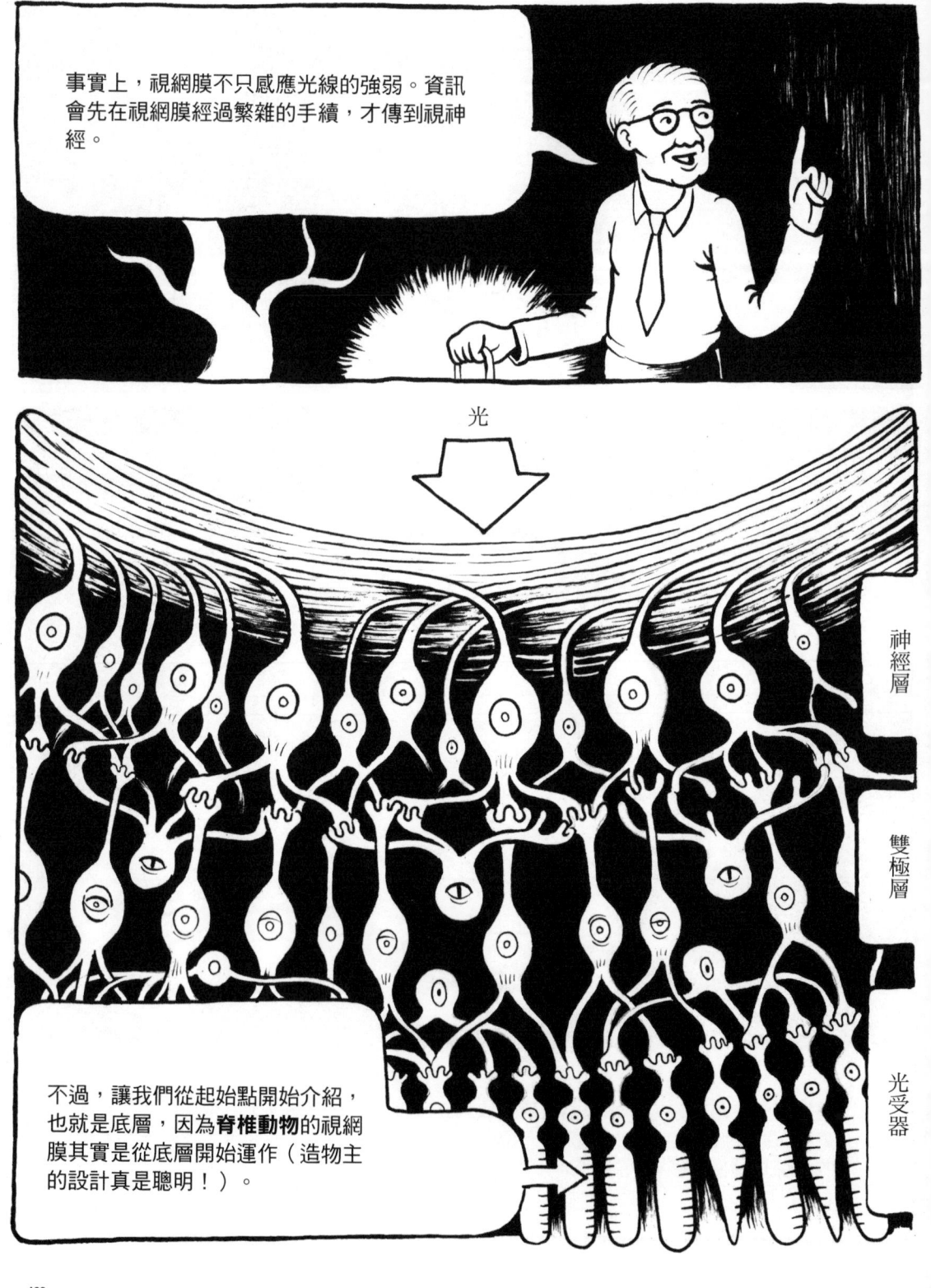

事實上，視網膜不只感應光線的強弱。資訊會先在視網膜經過繁雜的手續，才傳到視神經。

光

神經層

雙極層

光受器

不過，讓我們從起始點開始介紹，也就是底層，因為**脊椎動物**的視網膜其實是從底層開始運作（造物主的設計真是聰明！）。

這些倒掛的傢伙
叫做
錐狀和桿狀細胞
（cones and rods），
它們都是
光受器
（photoreceptor），
也就是偵測**光**的細胞。

光受器和其他受器一樣會產生電流。不過它們對化學或機械刺激沒有反應，只對**光子**（photon）有反應。

視神經盤（optic disk）

視紫質
（phodopsin）

磷酸二酯酶

要仔細解釋的話，非提到物理原理不可。簡單來說，光子撞擊光受器時，會啟動「警鈴」，關閉原本流入光受器的電流。

Na⁺
鈉離子

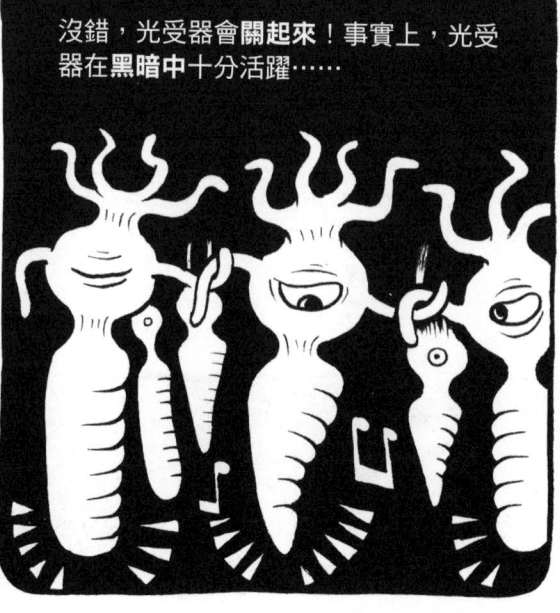

沒錯，光受器會**關起來**！事實上，光受器在**黑暗中**十分活躍……

但它們不喜歡成為**鎂光燈**的焦點。

桿狀細胞數量最多，

你瞧，**數個桿狀細胞會**連接到同一個細胞。

它們負責偵測**白光**，能夠感應**非常微弱**的光線，對夜行性哺乳動物很重要。

不過，這裡只是**起點**。

它們叫做
雙極細胞（bipolar cell），
負責進行第一道基本任務。
每個細胞都負責一個
接受域（receptive field），
也就是
視網膜上的一組光受器……

有些細胞偵測到黑暗中的一個光點時，
就會興奮起來，它們是所謂的

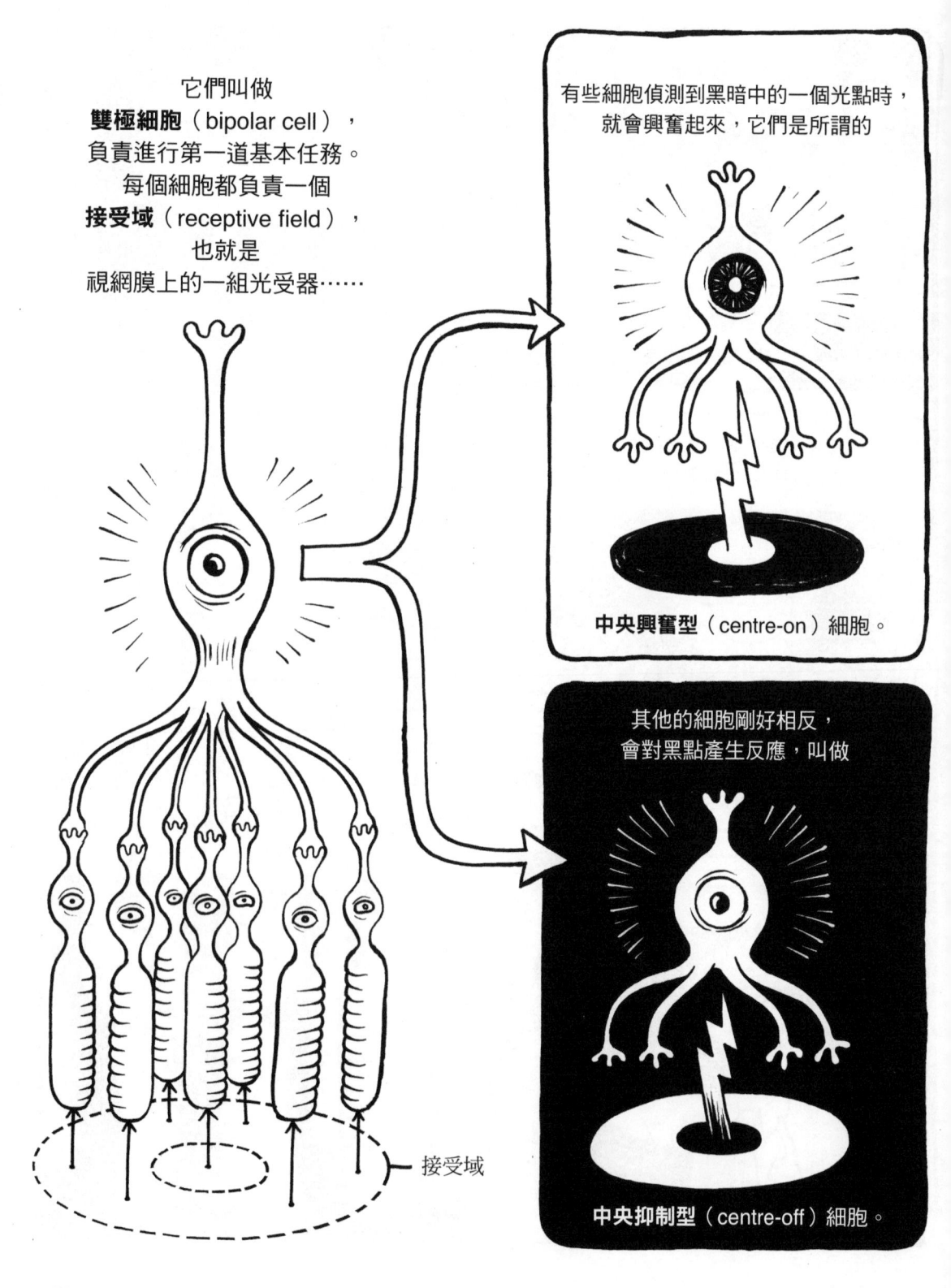

接受域

中央興奮型（centre-on）細胞。

其他的細胞剛好相反，
會對黑點產生反應，叫做

中央抑制型（centre-off）細胞。

這是位在光受器和雙極區之間的**水平細胞**（horizontal cell）引起的**側抑制機制**，此時兩側和中央的桿狀細胞彼此較勁。

當桿狀細胞全部啟動或全部關閉時，作用彼此抵銷，

因而無法活化**雙極細胞**。

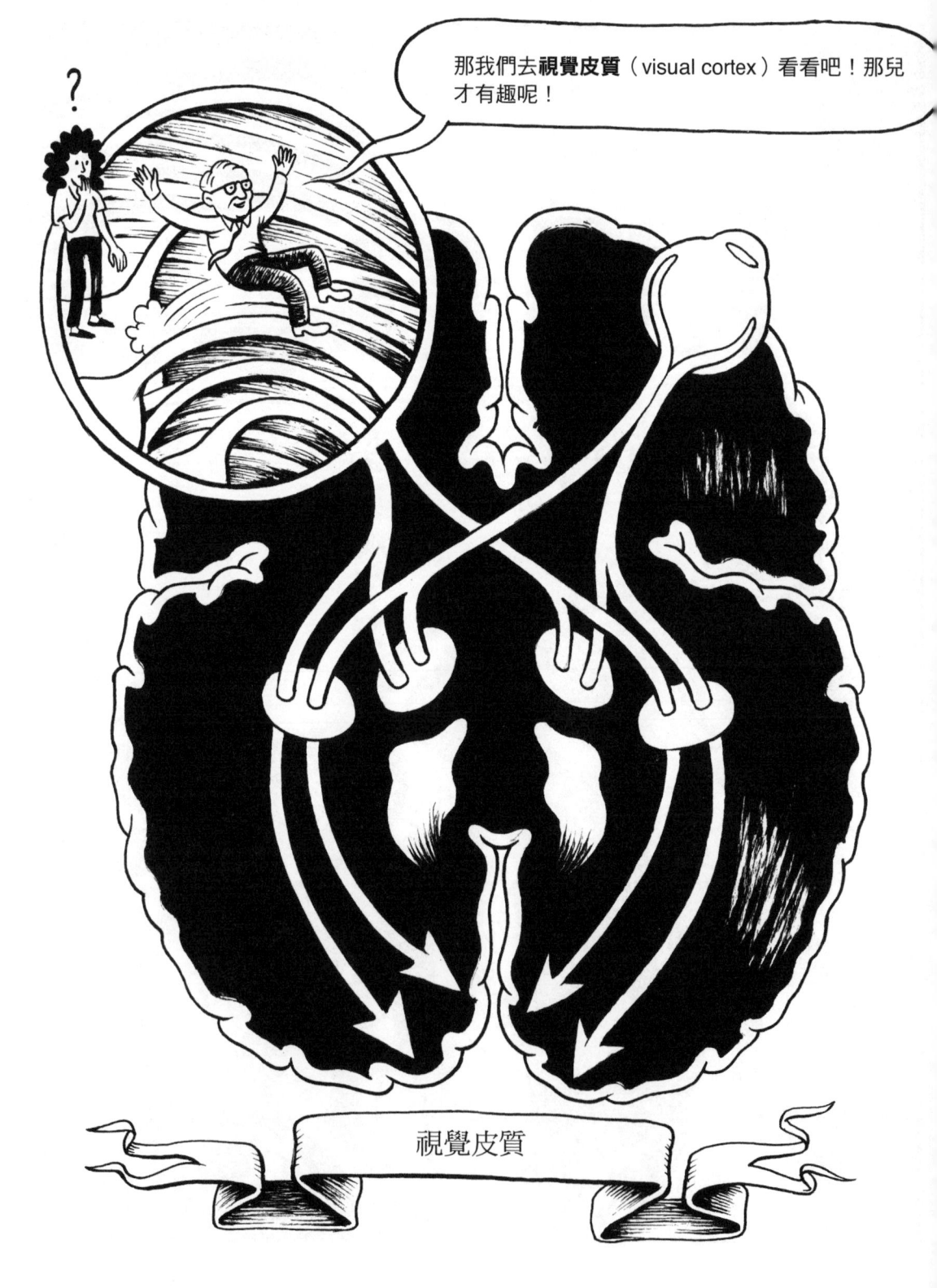

就是這裡。

我們在**視覺皮質**裡。

你在這裡

首先，視網膜布滿**中央興奮與中央抑制接受域**的細胞。

還真無聊……視網膜上全是接受域嗎？

耐心點。

六〇年代時，神經科學家**休伯爾**（David Hubel）和**威澤爾**（Torsten Wiesel）也曾如此自問。

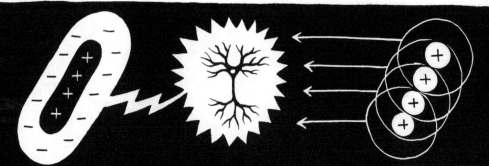

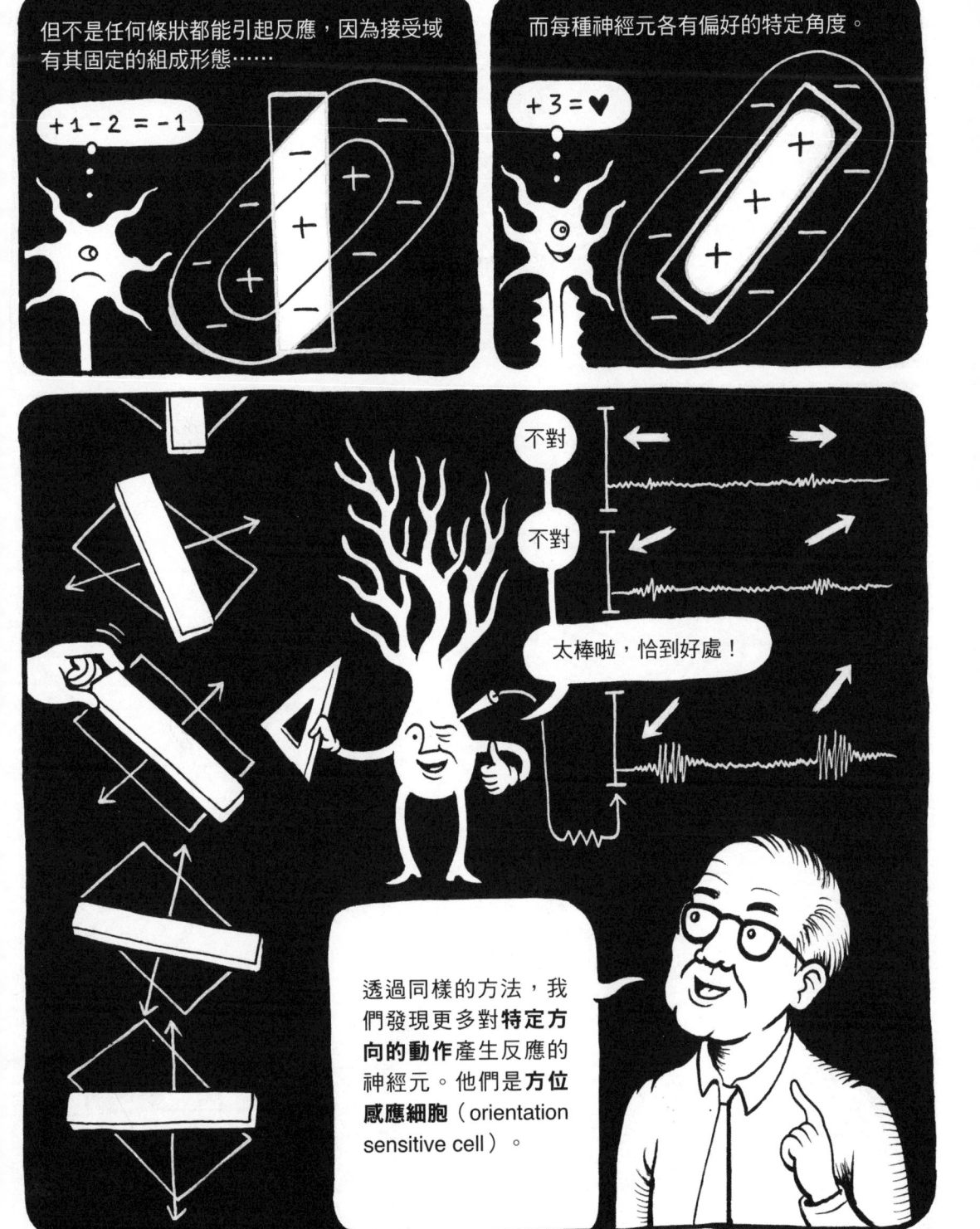

但不是任何條狀都能引起反應，因為接受域有其固定的組成形態……

+1-2 = -1

而每種神經元各有偏好的特定角度。

+3 = ♥

不對

不對

太棒啦，恰到好處！

透過同樣的方法，我們發現更多對**特定方向的動作**產生反應的神經元。他們是**方位感應細胞**（orientation sensitive cell）。

133

在高視覺區的神經元，會對更複雜的特徵產生反應，比如**速度**、**深度**、**形狀**和**人臉**。

視覺皮質
第七層

視覺皮質
第三層

視覺皮質
第四層

視覺皮質
第二層

科學家才剛開始探索
這些領域。（註15）

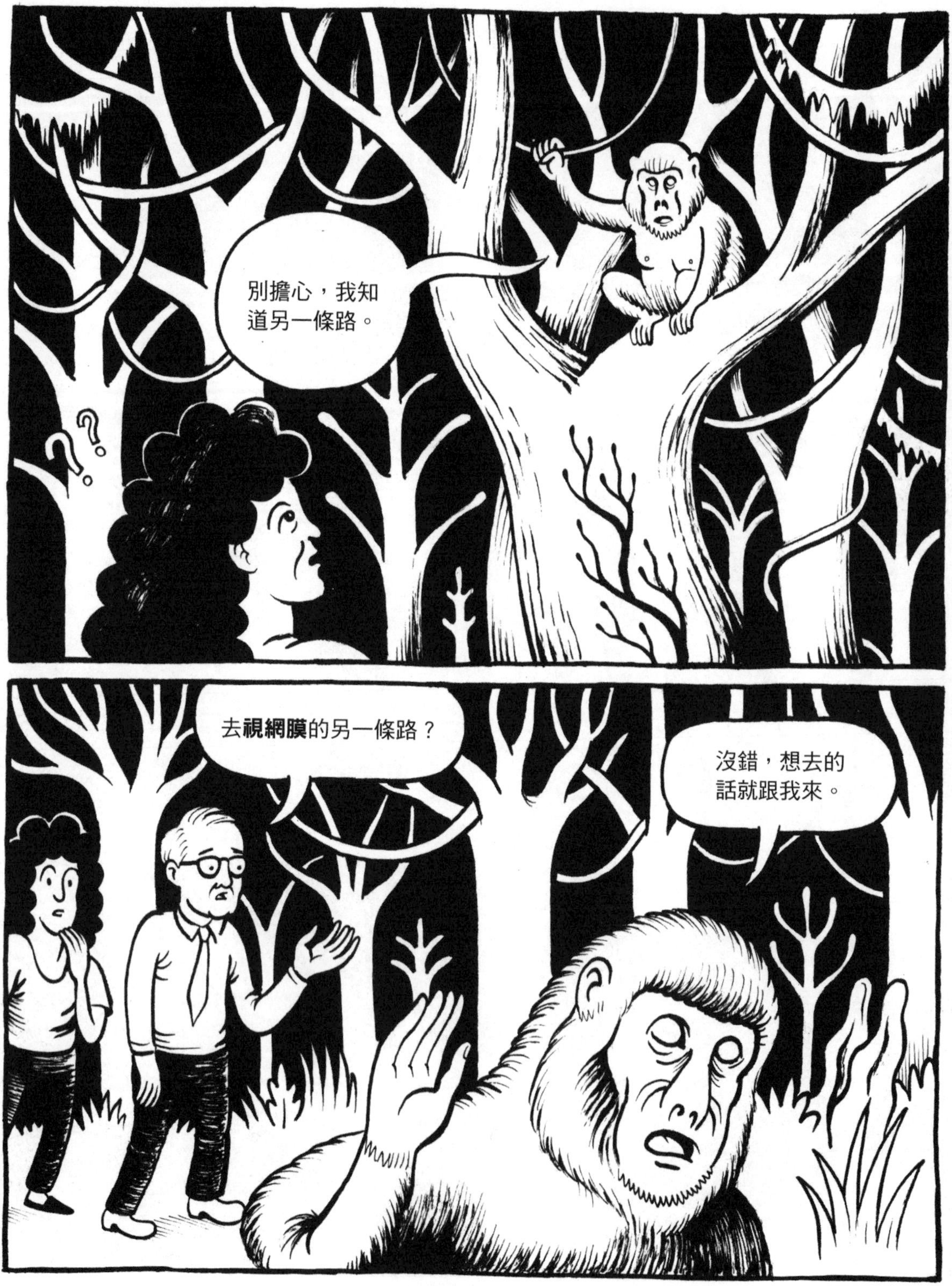
別擔心，我知道另一條路。
去視網膜的另一條路？
沒錯，想去的話就跟我來。

你是誰？

科學家叫我**海倫**。

我在自己的視皮層停止運作後，發現了另一條通道。大家都以為我的眼睛瞎了，但我仍然「看得見」，雖然我自己並未察覺。

怎麼說？

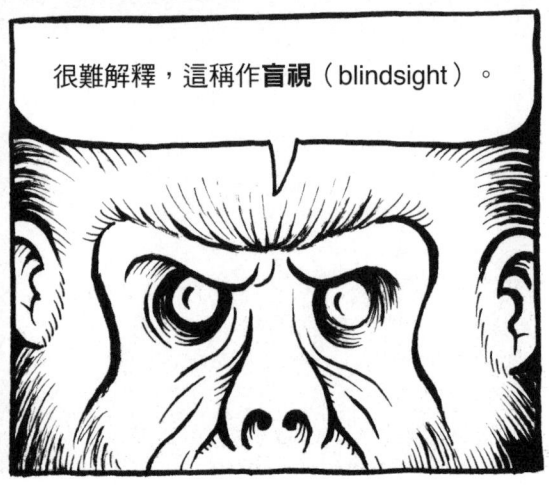

很難解釋，這稱作**盲視**（blindsight）。

我說我瞎了，是因為我沒有**意識到**自己看得見。

但比方說螢幕上會出現2種符號，別人問我現在看到哪一種時……

盲視患者回答正確的次數遠高於機率，這代表眼睛接收到的資訊仍能傳遞到大腦。

在抵達視覺皮層之前，視神經一分為二。雖然我們不知道在哪裡分裂，但我們知道其中一條通往**視丘的外側膝狀體**（lateral geniculate nuclei），並傳到視覺皮質，讓我們能有意識的看。

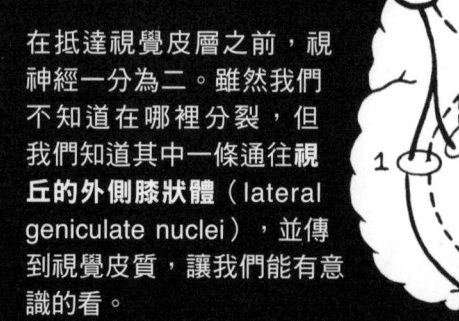

但另一條路則通往**中腦的上丘**（superior colliculus），像形狀或速度等基本資訊會在這裡下意識的處理。

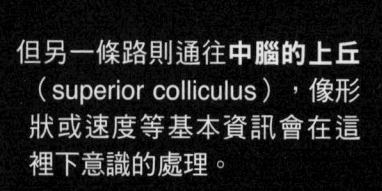

太神奇了。我們究竟能**察覺**多少眼中所見的資訊？

可能很少。在腦的叢林裡，很多事件都發生在**雙眼不能見**的領域。

總之，我們又回到視網膜了。

雖然我看不到，但我總能猜對。

你猜對了！謝謝你，海倫。

這些可說是我最喜愛的細胞！

錐狀細胞！

你瞧，對夜行性動物來說，看到白光就夠了⋯⋯

但對我們和海倫這些靈長類動物來說，更重要的是分辨物體的複雜特徵。

比如在一片綠意中看到紅色的果實。

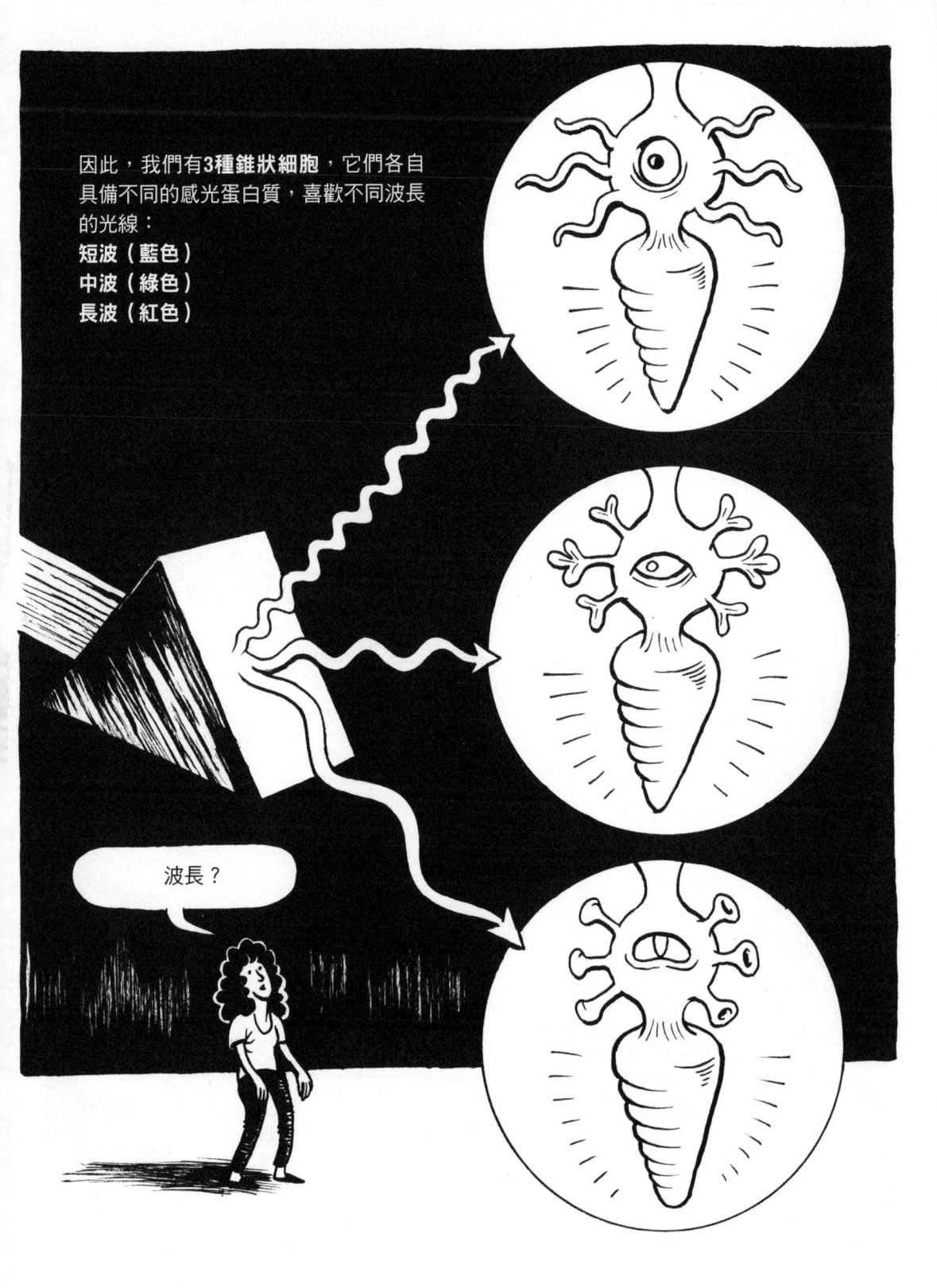

因此，我們有**3種錐狀細胞**，它們各自
具備不同的感光蛋白質，喜歡不同波長
的光線：
短波（藍色）
中波（綠色）
長波（紅色）

波長？

對，波長。我們所看到不同顏色的光，
其實是不同頻率的**電磁波**。

λ＝波長（nm，奈米）　　　頻率＝1／波長（赫茲）

藍色＝450-490奈米
綠色＝490-570奈米
紅色＝620-750奈米

伽瑪射線

X射線

紫外線

可見光

紅外線

無線電波

＜0.1奈米

1奈米

10奈米

100奈米

1微米

10微米

100微米

1毫米

1公分

10公尺

100公尺

1公里＞

我們所看見的顏色，只是通過大氣層的電磁波譜的一小部分（無線
電波是另一個例子）。我們的眼睛在演化後，擅於偵測所謂「**光學
窗**」（optical window）裡的波長。

142

哺乳動物不在乎光的偏振。我們的祖先必須迅速從植物背景裡，找出掠食動物或獵物的身影。所以我們的眼睛才演化出這麼棒的解析能力。

然而，**深海魚**不需要分辨太多顏色，因為只有藍色波長能夠穿透厚實的海水。但偵測光的偏振對牠們非常重要，如此才能分辨哪裡是海底、哪裡是海面。

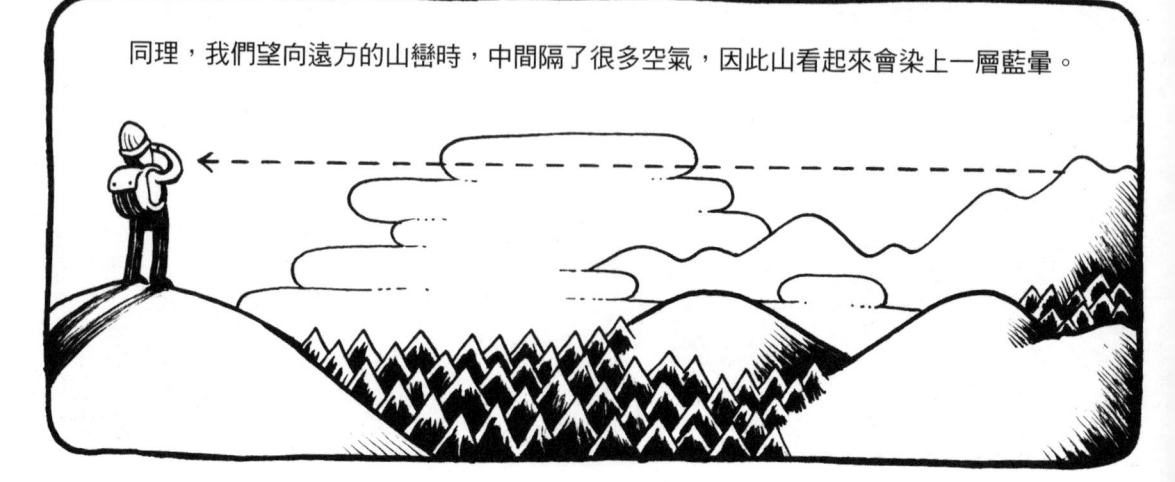

同理，我們望向遠方的山巒時，中間隔了很多空氣，因此山看起來會染上一層藍暈。

EPILOGUE

尾聲

一點也不奇怪！脫離軀體的牢籠和**感官**的矇騙後，靈魂就能前往神奇的地方。

你說什麼？我認為這跟**靈魂**毫無關聯！

她只是一時昏迷不醒！那個笨機器一定害她的大腦超載了！

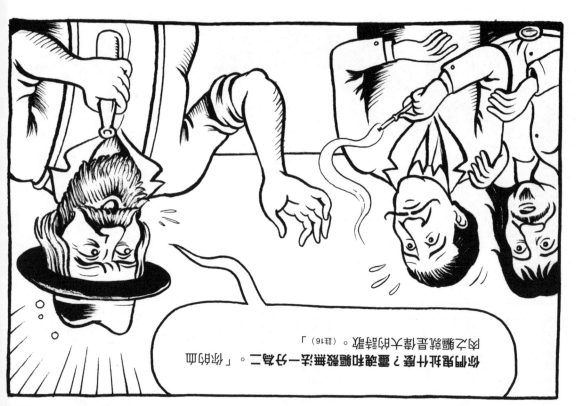

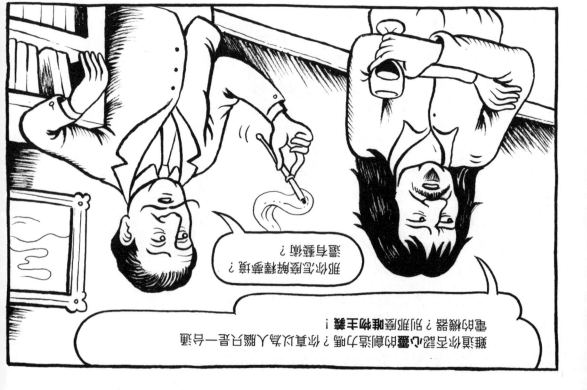

夠了，我的朋友，請冷靜點，你們又陷入古老的二元謬誤啦！

人腦與人體一同演化，缺一不可。

所以，不管**心靈**究竟是什麼，應該無法脫離**軀體**而存在。（註17）

試想一下，當人腦和人體切斷連結，比如我們睡著或陷入昏迷時，會說自己**失去意識**。

ZZZZ

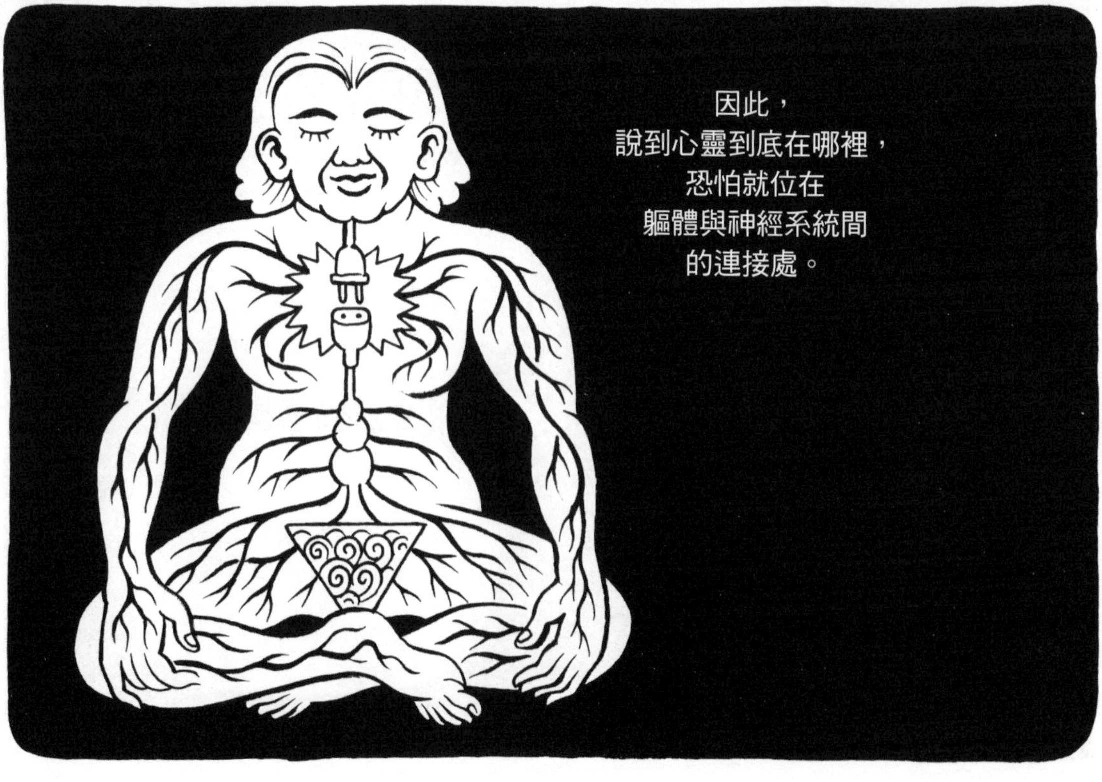

因此，
說到心靈到底在哪裡，
恐怕就位在
軀體與神經系統間
的連接處。

我們無法脫離自身肉體而存在。

我們無法理解蝙蝠的**高超聽力**，也無法像魚一樣**看到光的偏振**。

的確如此，我所看到的幻象裡，我也有副軀體，並透過肉體感官經歷一切。

哲學家湯瑪斯·內格爾

說得沒錯，黛安！

就算你發明了新穎的技術，你還是無法跳脫自己的身體。

有時，我們把肉體當作一副軀殼，視為心靈或「真實自我」的暫時居所……

事實上，肉體並不只是軀殼：它**形塑**我們的思考方式。（註18）

專家研究欠缺「正常」**情緒**反應的病人後，發現所有進入人體的資訊，也就是我們的「感覺」，其實是思考過程中不可或缺的一部分。

就算我們沒有意識到，就算它們隱而不顯，這些感覺是一切抽象思考的基石。

世上根本沒有「純精神」這回事……

一切思想都與人體密不可分。

你是指我永遠無法模擬現實嗎？

你可以重建感受甚至擴展我們的感官，

但我們並不是被動的透過感官體驗世界，而是經由**體內**豐富的資訊濾網來感知現實。因此，世上並不只存在一種現實，每副身軀都體會著獨一無二的現實。

158

你終於睡通了！

我們何不一起回到美好的過去呢？

好吧，我們一起放鬆一番吧。我花了不多時間和開朗讓母親，真慶幸我還沒死去！

今天就到此為止吧？

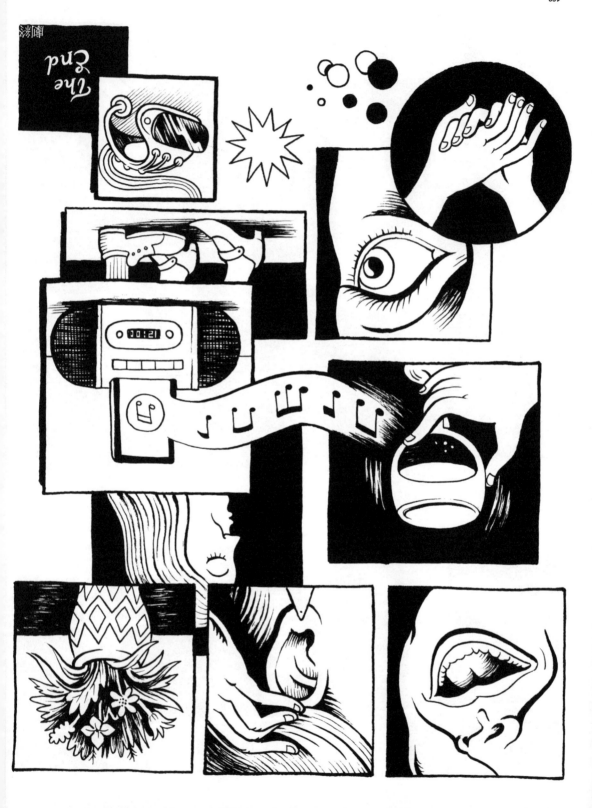

附註
NOTES

註1：這裡指的是蒂芬妮‧菲爾德（Tiffany M. Field）的研究。她在1986年的研究報告是第一篇證明觸覺療法有助早產兒發展的論文。在此之前，早產兒往往被隔離在保溫箱中。

註2：英國海洋生物學家阿利斯特‧哈代（Alister Hardy）在六〇年代首次提出「水猿假說」，並由作家伊蓮‧摩根（Elaine Morgan）在七〇年代加以推廣。目前大部分的科學家認為這項假說欠缺物證，但仍有許多人支持。

註3：莫克（Friedrich Sigmund Merkel, 1845-1919）為德國解剖學家。麥斯納（Georg Meissner, 1829-1905）為德國解剖學家暨生理學家。巴西尼（Filippo Pacini, 1812-1883）為義大利解剖學家。魯菲尼（Angelo Ruffini, 1864-1929）為義大利組織學家暨胚胎學家。

註4：這位人物參考義大利科學家馬切羅‧馬爾皮吉（Marcello Malpighi, 1628-1694），他是顯微解剖學先鋒，同時也是許多顯微結構的發現者，包括味蕾（不過他會稱呼味蕾為乳突組織）。

註5：事實上，科學家已發現許多新的受器，比如：對碳酸飲料中的二氧化碳敏感的受器、感知脂肪分子的受器等。我們對味覺的老舊分類法一再受到衝擊。不只如此，除了舌頭以外，這些受器還遍布整個消化系統。

註6：狗的確具備比較多的嗅覺受器基因，但嗅覺受器的數量並不一定代表嗅覺的靈敏度。事實上，傑西‧波特（Jess Porter）及其團隊在二〇〇七年於《自然－神經科學》（Nature Neuroscience）期刊發表的一篇饒富趣味的研究中提到，只要人類把鼻子靠近充滿各種氣味的地面，追蹤氣味的能力說不定和狗一樣強。

註7：這位人物參考的是琳達‧巴克（Linda B. Buck）。她在哥倫比亞大學的理查‧艾克謝爾（Richard Axel）的實驗室工作時，成為發現哺乳動物嗅覺受器基因的第一人。他們因這項發明在二〇〇四年榮獲諾貝爾生理學或醫學獎。

註8：這位人物是法國作家馬塞爾‧普魯斯特（Marcel Proust，1871-1922），他寫就長達七卷的不朽巨作《追憶似水年華》（À la recherche du temps perdu），並提到瑪德蓮蛋糕的香氣與滋味讓他宛若回到童年，這段生動的描寫是全書最常被世人引用的段落。

註9：這位人物參考的是嗅覺界的領導者之一，神經學家戈登‧謝菲爾德（Gordon M. Shepherd）。他的著作《神經美食學》（Neurogastronomy）是本章節的重要參考資料。

註10：這位人物參考的是義大利解剖學家賈科莫‧柯蒂（Giacomo Corti, 1822-1876），他是第一位發現人類與哺乳動物上的耳蝸構造的人。

註11：此處指的是心理學家黛安娜‧多伊奇（Diana Deutsch）針對音樂感知力以及其與語言之關係所做的研究。

註12：所謂「魔鬼音程」或三全音，是一種在中世紀或古典音樂上，被視為不協調且應避免的音程。此處的魔鬼以美國作曲家及音樂理論家約翰‧凱吉（John Cage, 1912-1992）的樣貌現身。《4分33秒》（4'33"）可說是約翰‧凱吉最著名的作品，在這4分33秒中，他雖在舞台上，但什麼也沒有彈奏，讓觀眾凝神傾聽周圍的環境音。

註13：此處指的是心理學家安‧佛納德（Anne Fernald）針對嬰兒導向式語言的普世通用現象（嬰兒導向式語言也稱作嬰兒語或媽媽語）。

註14：美國的喬治‧瓦德（George Wald, 1906-1997）是首位發現視網膜的視色素與相應光波長的科學家。

此項成就讓他、霍爾登・凱弗・哈特蘭（Haldan Keffer Hartline）及拉格納・格拉尼特（Ragnar Granit）在1967年榮獲諾貝爾生理學或醫學獎。

註15：視覺傳導路徑通常分成2種：物體種類（what）和物體位置（where）。背側視覺路徑似乎負責傳遞物體在視野中的位置資訊，理解動作、深度並分配注意力。腹側路徑則是負責處理物體種類的相關資訊，包括物體的形狀、形態、顏色，以及臉部辨識。

註16：此語出自詩人惠特曼（Walt Whitman, 1819-1892）的《草葉集》（Leaves of Grass）。

註17：現場賓客皆參考史上相關人物，並依此發表相應的哲學觀。讀者首先見到的是法國哲學家笛卡兒（René Descartes, 1596-1650），他是科學革命時期的重要人物，被視為西方心物二元論的推手。他宣稱靈魂超越物質，因此無法用科學方法來驗證。熱情的美國詩人惠特曼在作品中常常表露泛神論的觀點，反對心物二元論。實用主義哲學家威廉・詹姆士（William James, 1842-1910）目前被視為現代心理學的創建者之一。

註18：這兩位人物參考的是神經學家安東尼歐・達馬吉歐（Antonio Damasio）和漢娜・達馬吉歐（Hanna Damasio）。他們的研究成果顯示，在認知與決策過程中，情緒占了重要地位。安東尼歐・達馬吉歐在著作《笛卡兒的錯誤》（Descartes' Error）中詳加闡述了他們的觀點與一些臨床實例（如鐵路工人費尼斯・蓋吉〔Phineas Gage, 1823-1860〕的例子。此人在工作時遇到意外而腦部受損，自此之後性情大變，判若兩人）。

作者註：雖然本書參照人類五感的固有分類，但五感的定義不斷受到挑戰並被改寫。就算排除「聯覺」這種極端例子，現在已能確定所有的感官不但互通，還能彼此影響，且嗅覺與味覺二者的關係特別密切。一種感官無法運作時，別的感官會取而代之並重新界定其功能，而隨著人類與科技越來越密不可分，我們甚至可能得到新的感官，這一方面可參考丹尼爾・伊格曼（Daniel Eagleman）引人入勝的研究成果。不過，這些故事，下回再續。

謝辭

Acknowledgements

衷心感謝Pamela Parker、Elisa Filevich、Dawn Collins、Ann-Sophie Barwich、Andrew Goldman、Nori Jacoby和Carmel Raz，以上諸位對初稿提供了許多寶貴意見。同時，誠摯感謝我的編輯Harriet Birkinshaw以及Nobrow出版社全體同仁的幫助，將我的心血編輯成冊。

推薦書目

黛安・艾克曼（Diane Ackerman）的
《感官之旅》（*A Natural History of the Senses*，時報）

約拿・萊勒（Jonah Lehrer）的
《普魯斯特是名神經學家》（*Proust Was a Neuroscientist*）

大衛・林登（David Linden）的
《觸覺：手、心與心智的科學》（*Touch: The Science of Hand, Heart and Mind*）

戈登・M・謝菲爾德（Gordon M. Shepherd）的
《神經美食學》（*Neurogastronomy: How the Brain Creates Flavor and why it Matters*）

瑪莉・羅曲（Mary Roach）的
《大口一吞，然後呢？：深入最禁忌的消化道之旅》（*Gulp: Adventures on the Alimentary Canal*，天下文化）

艾佛瑞・吉伯特（Avery Gilbert）的
《異香：嗅覺的異想世界》（*What the Nose Knows: The Science of Scent in Everyday Life*，遠流）

奧立佛・薩克斯（Oliver Sacks）的
《腦袋裡裝了2000齣歌劇的人》（*MUSICOPHILIA: Tales of Music and the Brain*，天下文化）

丹尼爾・J・列維廷（Daniel J. Levitin）的
《迷戀音樂的腦》（*This Is Your Brain on Music: The Science of A Human Obsession*，大家）

實驗室電台（Radiolab）節目
〈音樂之語〉（Musical Language）第二季第二集

西蒙・印斯（Simon Ings）的
《眼的奧祕》（*The Eye: A Natural History*）

瑪格麗特・李文斯頓（Magaret Livingstone）的
《視覺與藝術：看的生理學》（*Vision and Art: The Biology of Seeing*）

實驗室電台節目〈色彩〉（Colours）第十季第十三集

安東尼歐・達馬吉歐的《笛卡兒的錯誤》

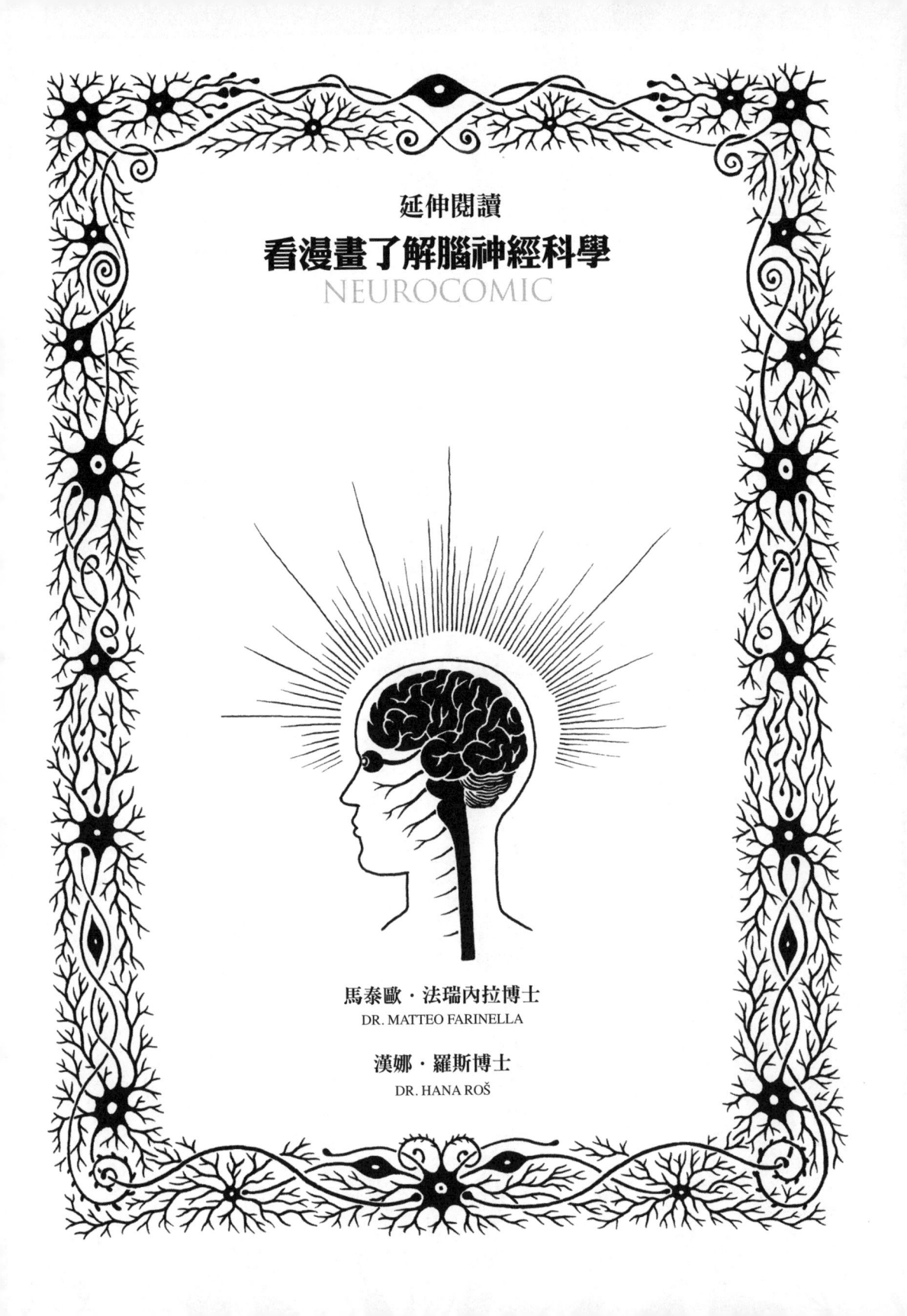